JN190089

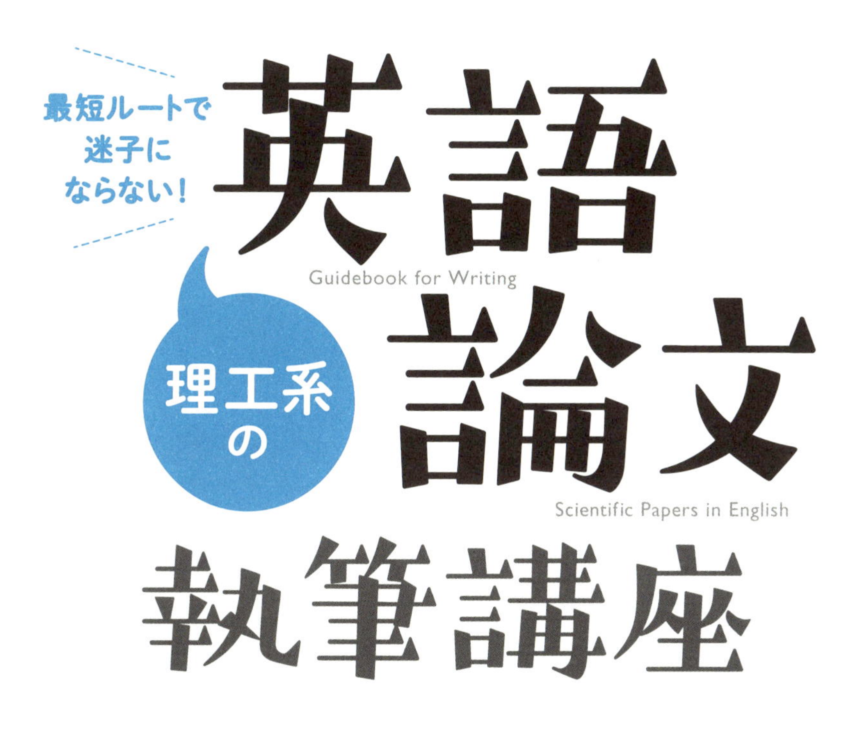
最短ルートで
迷子に
ならない！
英語
Guidebook for Writing
理工系
の
論文
Scientific Papers in English
執筆講座

西山 聖久 著

化学同人

付録 01

情報棚卸しのための質問集

グループ 1：研究の背景に関する質問

質問 1：あなたの研究対象，つまり「研究対象のシステム」は何ですか．

質問 2：「研究対象のシステム」から得られる「望ましい状態」は何ですか．

質問 3：「望ましい状態」が望ましいとされている理由を説明してください．

質問 4：「研究対象のシステム」から発生している「望ましくない状態」，つまり「問題」は何ですか．

質問 5：「望ましくない状態」が望ましくないとされている理由を説明してください．

質問 6：「研究対象のシステム」の前に普及しているシステム，つまり，「従来のシステム」は何ですか．

質問 7：「従来のシステム」から発生する「望ましくない状態」は何ですか．

質問 8：「従来のシステム」の「望ましくない状態」はなぜ望ましくないのでしょうか．簡単に理由を説明してください．

質問 9：あなたが提案する「新たな（研究対象の）システム」は何ですか．あれば答えましょう．

質問 10：「新たな（研究対象の）システム」の「望ましくない状態」は何ですか．あれば答えましょう．

グループ 2：問題の詳細に関する質問

質問 11：あなたの「研究対象のシステム」において，その作用や機能にかかわるパーツや要素を挙げましょう．

質問 12：上で挙げたパーツや要素の作用や機能をはかるためのパラメータを挙げましょう．また，それらはどのパーツや要素に作用しますか．相互関係を簡潔に説明しましょう．

質問 13：上で挙げたパーツや要素のうち「望ましくない状態」にもっともかかわるものはどれですか．また，それらのパラメータのあいだにはどのような関係が成り立つか，できるだけ簡潔に説明しましょう．

質問 14：「望ましくない状態」のパラメータの変化のメカニズムについて，わかっていることを説明してください．具体的には何が原因でどのように変化しますか．

質問 15：質問 13 で挙げたパーツや要素は，その「望ましい状態」とどのようにかかわっていますか．また，それ以外に「望ましい状態」にもっともかかわるパーツや要素があればそれを示し，その関係を表しましょう．

グループ 3（パターン 1）：研究の内容に関する質問

質問 16：「望ましくない状態」にもっともかかわるパーツや要素に影響を与えると考えている「原因」は何ですか．

質問 17：その「原因」に着目した理由は何ですか．

質問 18：その「原因」のパラメータは何ですか．注目した理由も答えましょう．

質問 19：その「原因」のパラメータはどのように制御しましたか．

質問 20：そのパラメータを変化させたときの，「望ましくない状態」にもっともかかわるパーツや要素のパラメータはどのように測定しましたか．

質問 21：測定は，どのような手順で何回行いましたか．

質問 22：測定結果はどのように処理しましたか．用いた統計手法を説明してください．

質問 23：「原因」のパラメータと，「望ましくない状態」にもっともかかわるパーツや要素のパラメータにはどのような関係がありましたか．

質問 24：その理由がわかっていれば説明しましょう．推察でも構いません．

質問 25：「望ましくない状態」を除去あるいは軽減するために，どのような「新たな（研究対象の）システム」が提案できそうですか．

グループ３（パターン２）：研究の内容に関する質問

質問 26：あなたが提案する「新たな（研究対象の）システム」はどのようなものですか．

質問 27：具体的に，どのパーツや要素の，何を改良したり，置き換えたりしましたか．

質問 28：改良したり，置き換えたりしたパーツや要素が，「望ましくない状態」（のパラメータ）を低減する仕組みについて説明してください．

質問 29：もとの「研究対象のシステム」と同等の「望ましい状態」（のパラメータ）を維持するために，改良したり，置き換えたりしたパーツや要素をどのように制御しましたか．

質問 30：改良したり，置き換えたりしたパーツや要素による「望ましくない状態」（のパラメータ）への影響はどのように測定しましたか．

質問 31：測定は，どのような手順で何回行いましたか．

質問 32：測定結果はどのように処理しましたか．用いた統計手法を説明してください．

質問 33：改良したり，置き換えたりしたパーツや要素と，「望ましくない状態」（のパラメータ）にはどのような関係がありましたか．

質問 34：改良したり，置き換えたりしたパーツや要素を搭載した「新たな（研究対象の）システム」に，なにか別の「望ましくない状態」がありましたか．

質問 35：その理由もわかっていれば説明しましょう．推察でも構いません．

付録 02

論文の骨子がそのままつくれるテンプレート

アブストラクト（Abstract）のためのテンプレート（タイプ1）

トピックセンテンス（研究の目的）：本稿は＜質問1の答え＞の問題である＜質問4の答え＞の発生メカニズムを解明することを目的とする．

研究の背景：現在，＜質問2の答え＞を得るために，＜質問6の答え＞が広く用いられている．＜質問2の答え＞は，＜質問3の答え＞という理由で必要とされている．しかし，＜質問6の答え＞からは，＜質問7の答え＞という問題が発生する．＜質問7の答え＞は＜質問8の答え＞という理由で問題とされている．そこで，近年，＜質問1の答え＞が注目されている．＜質問1の答え＞は，＜質問7の答え＞を低減するが，＜質問4の答え＞を発生する．＜質問4の答え＞は＜質問5の答え＞という理由で問題とされている．

問題の詳細：＜質問1の答え＞から＜質問2の答え＞が得られるのは，＜質問11の答え＞が＜質問12の答え＞の変化を生じ，＜質問13の答え＞という状況を作り出すことによる．しかし，＜質問11の答え＞は同時に＜質問13の答え＞の変化を生じ，＜質問14の答え＞という状況を作り出すことが＜質問4の答え＞の原因となっている．これまでの研究により，＜質問13の答え＞の変化については，＜質問14の答え＞ということが報告されている．しかし，＜質問13の答え＞の変化が発生するメカニズムはいまだ十分に解明されていない．

研究の内容：本研究では，＜質問16の答え＞による＜質問11の答え＞の＜質問13の答え＞への影響を調査した．これは，＜質問17の答え＞という理由による．その結果＜質問16の答え＞の＜質問18の答え＞が＜質問11の答え＞の＜質問13の答え＞を変化させることにより，＜質問4の答え＞を発生させていると結論付けた．

アブストラクト（Abstract）のためのテンプレート（タイプ2）

トピックセンテンス：本稿は＜質問1の答え＞による＜質問4の答え＞という問題を低減する＜質問25の答え＞の効果を検証することを目的とする．

研究の背景：現在，＜質問2の答え＞を得るために，＜質問6の答え＞が広く用いられている．＜質問2の答え＞は，＜質問3の答え＞という理由で必要とされている．しかし，＜質問6の答え＞からは，＜質問7の答え＞という問題が発生する．＜質問7の答え＞は＜質問8の答え＞という理由で問題とされている．そこで，近年，＜質問1の答え＞が注目されている．＜質問1の答え＞は，＜質問7の答え＞という問題を低減するが，＜質問4の答え＞という別の問題を発生する．＜質問4の答え＞は＜質問5の答え＞という理由で問題とされている．

問題の詳細：＜質問1の答え＞から＜質問2の答え＞が得られるのは，＜質問11の答え＞が＜質問12の答え＞の変化を生じ，＜質問15の答え＞という状況を作り出すことによる．しかし＜質問11の答え＞は同時に＜質問12の答え＞の変化を生じ，＜質問13の答え＞という状況を作り出し＜質問4の答え＞の原因となる．これまでの研究により，＜質問12の答え＞の変化については，＜質問14の答え＞ということが報告されている．

研究の内容：本研究では，＜質問9の答え＞に代わって＜質問26の答え＞を導入することを検討する．＜質問26の答え＞は＜質問28の答え＞という仕組みにより＜質問13の答え＞を低減する．＜質問26の答え＞の＜質問15の答え＞への影響を調査した結果，＜質問26の答え＞により＜質問12の答え＞の変化が抑制され，＜質問5の答え＞を低減すると結論付けた．

結論（Conclusion）のためのテンプレート（タイプ1）

方法：本研究では，＜質問 1 の答え＞における＜質問 4 の答え＞の発生のメカニズムを解明することを目的とし，＜質問 16 の答え＞と＜質問 11 の答え＞との関連を調査した．＜質問 19 の答え＞という方法で，＜質問 16 の答え＞を制御し，＜質問 20 の答え＞という方法で，その＜質問 11 の答え＞との関連を測定した．得られた測定データは＜質問 22 の答え＞という方法で処理した．

結果：その結果，＜質問 16 の答え＞の＜質問 18 の答え＞と＜質問 11 の答え＞の関係が明らかとなった．

考察：具体的には，＜質問 23 の答え＞に基づき＜質問 24 の答え＞と結論付けた．本研究より得られた知見から，問題の解決策として＜質問 25 の答え＞を提案した．

結論（Conclusion）のためのテンプレート（タイプ2）

方法：本研究では，＜質問 1 の答え＞における＜質問 4 の答え＞という問題の発生を低減するため，＜質問 26 の答え＞を導入することを検討した．＜質問 26 の答え＞は＜質問 28 の答え＞という仕組みにより＜質問 13 の答え＞を低減することが期待されている．そこで，＜質問 26 の答え＞の＜質問 13 の答え＞への影響を調査した．＜質問 26 の答え＞は，＜質問 29 の答え＞という方法で制御し，その＜質問 13 の答え＞への影響は＜質問 30 の答え＞という方法で測定した．得られた測定データは，＜質問 32 の答え＞という方法で処理した．

結果：＜質問 26 の答え＞の＜質問 13 の答え＞への影響は，＜質問 33 の答え＞のような結果となった．

考察：そして，＜質問 28 の答え＞という理由から，＜質問 26 の答え＞により＜質問 13 の答え＞の変化が抑制され，＜質問 5 の答え＞を低減すると結論付けた．しかし，＜質問 34 の答え＞という新たな問題が発生し，対策が必要である．

はじめに

2003年から2008年にかけて，私は英国バーミンガム大学の機械工学科に留学し，そこで博士号を取得した．大学での研究も，異国での生活も大変楽しく，実りのある5年間であったが，英語による論文執筆（だけ）はつらく苦しい経験であった．

執筆期間中，私はまさに本書のタイトル通り「迷子」の状態であった．研究は比較的順調に進んでいたし，日々の研究室内外でのコミュニケーションにより英語はある程度上達したつもりでいた．しかし最終段階である論文執筆で，幾度となく修正を求められた．ほぼ書き直しという状況に何度も直面した．ネイティブに英語の添削を頼んでも人によって言うことが違うし，自分の論文のどこが問題なのか見当がつかず，混乱するうちに時間だけが過ぎていった．長期にわたる出口の見えない状況に，正直，気分もかなり滅入ってしまった．結局，博士号の取得は予定より1年以上遅れた．

この苦い思い出は，今でも深く心に刻み込まれている．恩師や同僚のおかげで辛うじて学位を取得することができたが，5年間も留学していながら，専門分野の内容もまともに発信できないのかと情けなかった．それを克服できないまま博士号を取得してしまったことに少なからず罪悪感もあった．

現在，私は国立大学の工学部の教員として大学の国際化を推進する立場に就いている．大学が世界的な評価を得るためには，所属する研究者や学生が著名な国際誌に投稿することが必要不可欠となっていて，その推進は大学の重要課題でもある．私はおもに工学系の学生を対象に英語論文執筆の指導活動（技術英語の勉強会や個別指導など）を行っている．微力ながら，毎年一定数の学生を論文投稿にまで導くことができているようだ．

このなかで，私は学生の多くが過去の自分にそっくりであることに気づいた．英語論文執筆において「迷子」になっているのだ．そして，本人も気づいていないのだが，彼らはたいてい英語力以外の問題がネックとなっている．研究を行う意義，研究を通じて言いたいことをわかりやすく伝えることができていないのである（そして，その状態で英語だけを無理矢理直そうとして，かえって傷口を広げている）．このような場合，研究内容の理解不足，研究関係者とのコミュニケーション不足などの問題を解決しないと，どんなによい英語論文の添削を受けても論文の完成には至らない．それどころか執筆や添削に費やした時間が（ときにはお金も）無駄になってしまう．

これまで，一人でも多くの学生が，かつての私のように「迷子」の状況に陥らずに英語論文を執筆できるよう，手探りながらも思いつく限りの指導法を考案し，実践してきた．そして指導教員や周囲の研究者のアドバイスを得られるような英語論文の骨格（たたき台）を作成することが大切だと考えるに至った．本書はそのノウハウを体系的にまとめたものである．さらにできた英語論文を自らでブラッシュアップ方法も盛り込んだ．

英語論文執筆を決心したもののどこから手をつけてよいかわからない人，とりあえず一通り書いてみたものの「何が言いたいのかわからない」といわれて途方に暮れている人，もちろんまだ英語論文など書いたことはないが将来は挑戦してみたい人にぜひ本書を手に取ってもらいたい．また英語論文を書いてきた学生が何をいっているのかわからず，指導に悩んでいる教職員にも活用していただけると幸いである．

なお，本書では英語論文の解説のために研究の例を示している．これらはおもに情報の整理のための段取りの手引きを示すことを目的にしており，研究としての価値，その実現性や妥当性に関してこだわっていないことはあらかじめ断っておきたい．

最後に，英語に関する多数の有益な助言をいただいたテクニカルライター，ネイティブの皆様，そして何よりも，執筆作業中の私を支えてくれた家族に心から感謝の意を表したい．

2019年9月　　西山　聖久

Contents

chapter 3　論文のストーリーをつくる

chapter 4　盛り込む情報を洗い出す

chapter 5 英語論文を書いてみよう

chapter 7　英語論文執筆のためのさらなる学習

chapter 1

英語論文執筆の最短ルート

LESSON 01

英語で論文を書くとは

英語で論文を書く意味

なぜ英語で論文を書く必要があるのだろうか.

この質問への答えは，あなたがどのような立場かによって（博士号取得を控えた学生なのか，あるいは修士課程の学生なのか，あるいはすでに研究者としてのキャリアをスタートさせているのか），またこの質問を誰にされているのかによっても変わるかもしれない．しかし，ここはまず「自分の研究の成果を広く世に知らせ，人類の発展に貢献するため」と自信をもって答えて欲しいと思っている．世界で日本語を理解できるのは1億人程度（しかも今後しばらくは減少するらしい)，一方英語を理解できる人は20億人を超える．英語で公開したほうが，日本語の場合の何十倍も多くの人の目に留まることは明らかだ．英語で論文を書いたほうが，より多くの人に読まれ，参照され，人類の知識の発展に貢献することは間違いないだろう.

英語論文の実際

しかしそれは建前だと言う人もいるだろう．実際，論文には研究者の実力を客観的に評価するための指標という側面もある．このような状況が本当によいかどうかはわからないが，論文，とくに英語による投稿論文数と，掲載された雑誌の知名度（インパクトファクター）は，ほぼそのまま，あなたの研究者としての実力として認識される．欧米では「Publish or Perish（発表せよ，さもなくば滅びよ)」という言葉があるほどだ.

日本でも，博士課程修了の条件として「査読付きの国際ジャーナルへの○本以上の投稿」などと英語論文の投稿が課せられていることは多い．学位取得にそのような条件がなくとも，研究者として就職先を見つけるためには投稿論文リストが必要となる．当然ながら奨学金や科研費の獲得などの研究関連予算の取得にも影響する．さすがに英語論文の投稿がないために修士号を取得できなかったという話は聞いたことはないが，博士課程への進学を考えているのなら，研究計画の質と共に投稿論文の実績，あるいはその目途は，選考時に考慮されるはずだ.

研究者にとっての英語論文

いずれにせよ，英語論文を書くことは研究者として成功するための必須条件だ．業績の意味でも重要だが，何よりも論文を通じてあなたの研究に興味をもつ人が現れれば，さまざまな意見を世界中の研究者から得ることができる．もちろんそれらは肯定的な意見ばかりではないだろうが，そうした論文を通じたコミュニケーションは，あなた自身の研究の位置づけや興味の確固たる方向性を定めていくことになる．**研究に携わる限り，英語論文執筆は常につきまとう．** もちろんこれは日本国内に限ったことでなく，競争の激しい欧米ではなおさらだ．このように重要な英語論文執筆であるが，その作業はきわめて大変だ．日本語でも大変な研究をまとめる作業を，さらに英語で行わなければならないという重荷がのしかかるためだ．

LESSON 02
迷子になる人ならない人

「迷子」になりやすい理工系学生の２大パターン

あなたが指導教員から英語論文執筆に取り組むことが許されているのであれば，すでにある程度の研究成果が得られているということだろう．しかし，ここで戦略なしに英語論文を書こうとすれば，高い確率で作業が暗礁に乗り上げる．書いているうちに自分でも何を書いているのかがわからなくなって，「迷子」になってしまうのだ．

「迷子」になる人，なりやすい人には，大きく分けて二つのパターンがある．

パターン１：研究内容を正確に理解できていない

何のために，どのようなことを研究しているのかを説明できない人がいる．単に英語力が不足していて，伝わる文章になっていないのも問題だが，英語論文の個別指導をしていると，残念ながら日本語でも説明できない人が結構多い．これは，厳しい言い方かもしれないが，英語以前の問題だ．専門分野が違えば当然だという意見もあるが，論文はいろいろな分野の人が読むものだ．ある程度専門分野が異なる人にもわかるように伝える努力を怠らないことは当然のことだ．

このパターンの人は，おそらく研究を通じて得られた大量の情報を整理しきれていない．研究の過程には数えきれないほどの試行錯誤があり，真剣に取り組めば取り組むほど，たくさんの情報が得られるだろう．しかし論文を執筆するときは（あるいは人に研究を説明するときは），個々の情報を分類し，取捨選択し，関連性を明確にしておかないと，読み手（あるいは聞き手）はこの人は自分の研究を理解していないと評価することになる．

パターン2：日本語を正確に訳すことばかりに気を取られている

内容よりも英語の出来ばかりを気にしている人がいる．これに関しては，日本の受験勉強の経験が影響しているように思う．入試問題では，文法，単語，表現を人よりたくさん知っている人が有利だ．そのために英語力＝単語力というような価値観になっており，このパターンの学生の多くは，この価値観を引きずったまま英語論文執筆に取り組んでいるように思える．

本来，コミュニケーションで大切なのは，相手に理解してもらうことだ．これは日常の会話でも論文でも同じである．つまり英語論文を執筆するときは，「より多くの読者が理解できるように配慮する」という視点が大切なのだが，このパターンの人は，この発想が欠落してしまっている．そのために，一文一文は一見正しくとも，全体を通じて何が言いたいのかわからない文章となってしまっている．

英語論文執筆における勘違い

このような「迷子」の２大パターンに当てはまる人は，以下のような発想に陥ってしまっていることが多い．これらは英語論文執筆を進めるうえで大きな障害，落とし穴になる．まずはそれぞれの特徴と，どんな障害が起こるのかをみていこう．

勘違い１：周囲と議論しながら論文を完成できる

これはパターン１の，とくに研究の背景を明確に理解していない人，主体性がない人が陥りやすい勘違いの一つである．このように楽観的に捉えていると，ある程度進んだ段階で，「何が言いたいのかまったくわからないから書き直し」という事態に直面することが多い．修士・博士課程ともなれば，研究内容を一番よく把握しているのはあなた自身であることが求められる．他人の指導に頼っているだけではいけないのだ．日本語なら，周囲のサポートと根性で乗り切れるかもしれないが，英語の場合はそうはいかない．**少なくとも，論文で何を主張したいのかは自分で決めて周囲を引っ張っていく気概が必要である．**英語論文の執筆は日本語での論文執筆に比べると，孤独な作業と言える．

勘違い２：とりあえず，書けるところから書き始めればよい

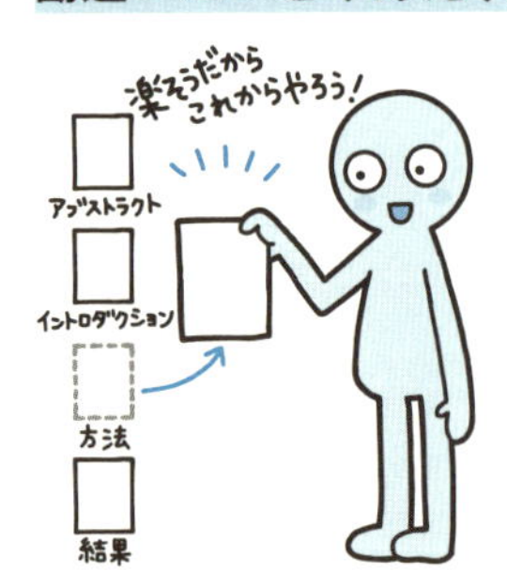

パターン１の人のなかには，計画なしに書けるところから書き始めて，考えをまとめていこうとする人がいる．とにかく書き始めて安心したいという気持ちもわかるが，このやり方で数千語にも及ぶ論文をまとめるのは難しい．思い入れがある実験やそれに関する工夫についてたくさん書いてみたものの，見直してみると実はそれほど重要な事項ではなかったということはよくある．**論文はブログや日記ではないので，とにかく書けばよいというものではない．**

勘違い３：パラグラフを意識しなくても論文が書ける（そもそも知らない）

パラグラフはいくつかのセンテンスにより構成される意味のかたまりである．日本語ではふつう段落と訳されるが，英語のパラグラフはより明確なルールに則ってつくられる．

ほとんどの学生はパラグラフを意識せずに英語論文執筆に取り組んでいる．パターン１の人はパラグラフを構築し，効果的な構成に論文を仕上げるのはほぼ不可能だろう．また，パターン２の人は，たとえパラグラフの存在を知っていたとしても，日本語の文章を直訳しようと考えている限りは，パラグラフはつくれないだろう．**そもそも，英語において守るべきルールに従っていないということは，英語論文執筆のスタートラインにさえ立っていないのと同じ．パラグラフは最低限徹底すべきだ．**

勘違い４：日本語の論文を直訳すれば英語論文が完成できる

パターン２の人は，しっかりと書かれた日本語の論文を直訳すれば英語論文が完成できると勘違いしていることが多い．「まずは日本語でしっかりと論文を書いてからそれを英訳する」，もしくは「先輩がすでに日本語で書いた論文を英訳する」という作戦で英語

論文執筆に挑んでいる学生をたくさんみてきたが，そのやり方ではほとんどうまくいかない．

そもそも日本語と英語は1対1の対応にはなっていない．入試のように独立した一文ならば，日本語の文章を正しい英単語に置き換えていけばある程度意味が通じる文章ができるかもしれない．しかし，数千語ともなる英語論文を同じやり方で進めては，個々の文でさえもきわめてわかりにくくなる．**そもそも日本語と英語は構造が違うので，単語を置き換えるだけでは意味が通らないのだ．**

勘違い5：添削業者やネイティブがなんとかしてくれる

これはパターン1，パターン2の両方の人に言えることであるが，とりあえず自分なりに英語論文を仕上げて添削業者やネイティブなどに依頼すれば，正しい英語に修正してもらえると考えている人がいる．確かに，添削業者やネイティブの協力を得るのは，英語を常用語としない日本人にとっては必要なプロセスかもしれない．しかし添削業者は英語の専門家であって，研究分野の専門家ではない．書かれている内容を，あなたと同じレベルで理解することはできないし，とくに研究の背景が明確になっていない文章では，その論文の概略を把握することも困難だろう．プロではないネイティブによる添削はさらに難しい．

添削業者やネイティブに読んでもらうことは悪いことではない（むしろ意見を聞くのはよいことだ）．ただし最低でも，「英文に不完全さは残るが，言いたいことはわかる」というレベルのものになっていなくてはならない．それには，修正された英文が自分が意図した意味になっているかどうかをよく吟味し，必要に応じて，議論する技術が求められることを覚えておこう．**そもそも自分の業績にかかわる英語論文の仕上げを他人に完全に任せてしまうのはよくない．英語で論文を書く以上，あなた自身にもある程度の知識と技術が必要だ．**

LESSON 03 英語論文完成までの最短ルート

これが英語論文を完成させる最短ルートだ！

研究はあなた一人で行っているわけではないだろう．ほとんどの場合，研究する環境や資金を提供したり，研究を支援したり助言してくれたりしている指導教員や共同研究者などがいるはずだ．英語論文を完成させるには，そうした研究にかかわる人たちの合意が必要だ．しかし，彼らと細かなことで論文について相談していては，効率的に英語論文を完成させることはできない．効率的かつ建設的な議論のためには，たたき台が必要だ．**質の高いたたき台をもとに指導教員などと議論したり，添削業者やネイティブによる英文添削を受けたりすれば，同じ箇所を何度も繰り返し修正したり，論文を丸ごと書き直したりすることなく，英語論文を最短で完成させることができる．**

これまでに紹介した英語論文執筆における勘違い，いわば落とし穴を避けて，質の高いたたき台をつくるための重要な注意点をここで押さえておこう．

何を主張するのかは自分が決める

論文を書くなら，執筆者がその論文（研究）の内容を一番よく把握していなければならない．そして，自身が論文で何を主張するのか，確固たる意志がなければいけない．もし，それがなければ英語論文執筆を書き始めるべきではないと思う．これははじめて英語論文を書く人にとっては高いハードルだ．

しかし，学位取得のために論文執筆の十分な経験がないままとりかからなければならない人もいるだろう．そこで本書では，そのような人が研究を通じて解決すべきと認識している問題を定義するために必要な情報を，自分自身から引き出すための質問集と，論文の骨子がつくれるテンプレートを用意した．これらを使って論文の構成を練れば，研究の関係者との議論を行うためのたたき台として十分に機能を発揮するだろう．

アブストラクト，結論，序論から書き始める

日本語であっても英語であっても，論文執筆においては，研究で得た情報を取捨選択することが重要となる．そこで，まずはアブストラクト（Abstract）

を書きあげ，結論（Conclusion），序論（Introduction）を書いたのち，方法（Method），結果（Results），考察（Discussion）に含まれるべき内容を確定していく方法を提案する．これにより，**書くべき論文のストーリーが見えてくるはず**だ．アブストラクトから序論までは，前述の質問票とテンプレートが使える．方法以降については，決まった手順はないが，書くうえでのコツを紹介する．

パラグラフは徹底的に意識する

パラグラフは英語の文章のなかでセンテンスを適切に並べていくためのルールだ．これは文法，単語，表現以上に重視すべき項目であるといっても過言ではない．

本書ではパラグラフの性質や注意点を理解するために詳しく解説した．さらに，論文にありがちな日本語の文章から，英語のパラグラフを再構築するための手順も紹介する．この手順を習得すれば，自分の論文の骨子に基づいて効果的にパラグラフを構築し，英語論文の執筆を進められるはずだ．

英文は必ず見直して，自然でわかりやすい表現にする

日本語を直訳しているだけでは英語論文は絶対に完成しない．とくに日本語の論文は堅苦しく，そのまま直訳するときわめて読みにくい．また文章も長くなりがちだ．このような問題は，パラグラフを構築するための手順をマスターすればある程度解決するが，本書ではさらに，**センテンスをブラッシュアップする**方法を解説する．自分でつくった英文を，この方法に従って見直せば，多くの読者にとって読みやすい，配慮されたセンテンスがつくれるだろう．

添削業者やネイティブは上手に活用する

添削業者やネイティブに依頼するにも，まずは確固たる論文の骨子をつくることが大切だ．本書の質問集とテンプレート，パラグラフ構築の手順，センテンスのブラッシュアップを活用し，まずは自分なりに筋の通った，読みやすい論文のたたき台を完成させてみてほしい．「英語は完全ではないが意味は何とかわかる」というレベルになっているはずだ．添削業者やネイティブなどの力を借りるのはそのあとにしよう．添削業者やネイティブに添削してもらうことができたら，どこをどのように修正されたのかをしっかりと確認しよう．本書

のおもにchapter 6を参照すれば，どのような点がよくなかったか，どうして修正されたのかが，根拠に基づいて理解できるのではないかと思う．もし修正に納得いかない場合や，あなたが言いたいこととずれてしまっていると感じた場合は，修正の意図をしっかりと確認しよう．それでも納得できない，あるいは言いたいことと違っていたら，あなたなりの根拠を説明しつつ，どのように修正したらよいかを，納得がいくまで聞き出そう．この一連の作業が，あなたの英語力の成長にもつながるはずだ．

最後の仕上げは

たたき台ができたら指導教官や共同研究者と議論することになる．たたき台を見せたときの反応は，おそらく「全体的によく書けている」というコメントと共に細かな修正を求められるか，あるいは「あなたの研究課題に関する認識はおかしい」といったものになるだろう．後者の反応は否定的で困惑するかもしれないが，「何をいっているかわからない」と言われるよりは，建設的な議論が可能となるので，ぜひ肯定的に捉えてほしい．いずれの反応でも，そこからじっくり議論して内容のすり合わせを行っていく．そして関係者の合意が得られたら，適切な雑誌を選んで投稿し，査読者とのやり取りを経て，採択されれば，晴れて論文掲載となる．

論文執筆とは，日々の研究で得た大量の情報から，読者が求める情報を選んでまとめること．日本語でも難しいが，英語となるとさまざまな落とし穴がある！　迷子になっているあなた！　さぁそんな状況から抜け出そう！

chapter 2

英語論文を知ろう

LESSON 01

英語論文の構造

英語論文の全体像

英語論文を書き始める前に，まずはその構造とそれぞれの役割，特徴について確認しておこう．これは英語論文に限ったことではなく，日本語の論文でも役に立つのでぜひ覚えておいてほしい．

英語論文は, タイトル（Title）, アブストラクト（Abstract）, 序論（Introduction）, 方法（Methodology），結果（Results），考察（Discussion），結論（Conclusion）のセクションより構成されている．また著者とその所属, 謝辞, 論文のキーワードなどの記載もある．投稿雑誌によって多少の違いはあるが，ほぼこのような構造になっており，そこに書かれている内容や各セクションの役割はほとんど同じである．

◆英語論文の構成（構造）

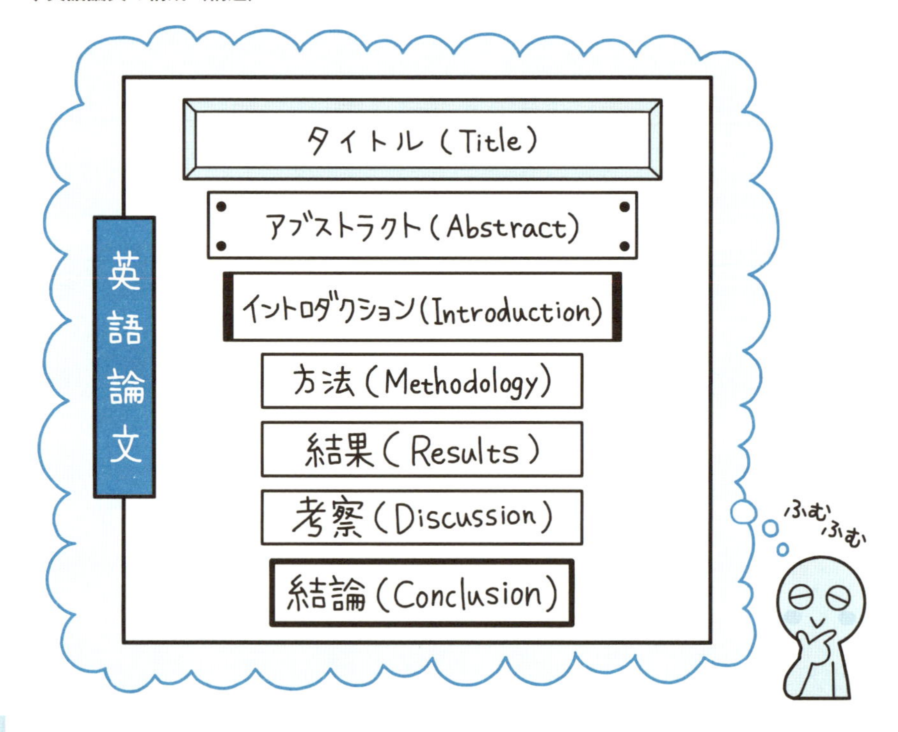

タイトル，アブストラクト，序論，結論は，あなたが取り組む研究がどのような研究課題を解決するために企画されたのか，研究とその課題との関係性，そして，研究がどのように役立つかを示す，研究と読者が問題意識を共有するためのセクションである．これらのセクションの執筆には，あなたが自分の研究課題について，その背景を中心に俯瞰的に捉えられているかどうかが重要となる．

一方で，研究室で日々繰り返し行っている実験，シミュレーションなどの調査や，その結果をまとめて報告するという役割を担うのは，論文のセクションでいうところの，方法，結果，考察である．これらは日常的な研究活動の詳細をまとめるセクションと言えるだろう．

論文のセクションと役割

タイトル（Title）

タイトルは基本的にすべての人に公開されており，一番最初に読者の目にとまる部分である．読者はまずタイトルをみて，その論文がどのような内容なのかを推察し，読むかどうかを決める．つまりタイトルは論文の看板のようなものである．そのため，タイトルには研究に関するキーワードを効果的に組み合わせて，潜在的な読者も含めて，できるだけ多くの人の目にもとどまるようにすることを心がけよう．タイトルを執筆のどの段階で決めるかは，人によって異なるが，タイトルを先に決めて論文執筆を開始すれば，方向性が明確になって書きやすくなる．しかしタイトルを先に決めてしまうと，論文執筆の最終段階における研究関係者とすり合わせを行ううちに最終的にタイトルとの齟齬が発生することも多い．この場合には改めてタイトルを見直す必要があり，最初のタイトルは最終決定でないことは頭に置いておこう．

アブストラクト（Abstract）

アブストラクトは，読者が短時間で論文全体の内容を把握するためのもので，タイトルと同様，すべての人に公開されている．そのため多くの場合，読者が短時間で理解できるよう 300 語程度（日本語にすると約 600 文字程度）であること，それが簡潔にまとまっていることが必要である．したがって研究背景や内容の詳細に触れるのではなく，方法や結果も含めた論文全体の各セクションの内容が，それぞれ1～2行でバランスよく抜き出されているのが理想だ（実際にそのようにすると，およそ300語程度になる）．アブストラクトはタイトルと併せて読者がその論文を読むかどうかを決めるための重要なセクションなので，結果の重大性や研究分野にもたらすインパクトについても，300語のなかで積極的にアピールしたい．

なお，国際会議などでは，審査のためにまずアブストラクトのみの提出が求められることも多い．いくら優れた研究であっても，その概要を300語で伝えられなければ，国際会議で発表することができないということを意味している（要旨集印刷の都合だけではない）．つまり，よいアブストラクトを書けるようになることは，英語論文執筆だけでなく，国際会議への参加においても重要となる．研究者として評価されるためのスタートラインとも言えるだろう．

序論（Introduction）

論文の「本文」は序論以降を指す．本文の冒頭にある序論は論文の導入にあたり，研究に関する説明を行うセクションである．具体的には，研究の背景にある目的（ゴール）の設定に至るまでの思考のプロセスを書く．世界に向けて広く研究成果を発表し理解してもらうためには，序論で専門的な内容に終始したり，無意味に難しい専門用語を並べたりするのはよくない．想定する読者に合わせ，広く知られている一般的な話題から，徐々に最終的に自分の研究に焦点を当てるような流れにすることが大切だ．抽象的な表現も，それだけでは意

◆序論はわかりやすさが重要

味が伝わらないことが多いので，具体的かつ明快な説明にしたほうがよい．

また，研究内容が独りよがりでないことを示すことも大切だ．そのためには，適宜，参考文献を示す．社会における問題や関連する先行研究を紹介し，まだ明らかになっていない事柄を明確にしながら，なぜあなたの研究が必要とされているのか，根拠を明確にして，研究の目的へと導こう．

方法（Methodology）

方法では，行った実験の方法や用いた理論を説明する．具体的に試料や試験片，試薬，実験装置，実験の手順を書くほか，シミュレーションを行っている場合は，モデル上で定義した要素，想定した数式，使用した材料定数などの数値データも示す．得られたデータを理解するための解析手法や用いたデータの統計処理（平均の取り方，最小二乗法などの近似方法）についてもここで説明しよう．読者が実験を正確に再現できるように，具体的に示すことが大切だ．

結果（Results）

結果は，方法で述べた実験で得られたデータを図表を用いて示すセクションだ．原則として，データは実験方法や解析手法など，扱う話題で分類して示し，それぞれに関する全体的な傾向と，あなたが主張したい内容の証拠となるデータのポイントを解説する．データを示すときは論文の主張が伝わりやすいこと，つまり，特殊なデータの示し方は避け，読者となる研究者にわかりやすいように配慮し，一般的な示し方をすることが大切だ．また統計処理を行っている場合は，サンプル数，標準偏差や想定される誤差などの必要な統計値をここで示そう．なお，掲載したデータについては，文中でも必ず説明しなければいけない．文中で触れないデータは示さないこと．

考察（Discussion）

考察では，結果で示した内容がどのように研究課題の解決に貢献するのかを説明する．結果で提示したデータをもとに，なぜ研究の目的が達成されたと言えるのかを，あなたの考えに基づいて主張していく（研究の目的をある程度は達成していなければ論文執筆はできないはずである）．研究成果をほかの研究者の成果と比較して，なぜ，どの程度，優位であるか，その分野に与える影響や解決しきれなかった問題，新たに発生した課題についても説明する．自分の研究の至らなかった点について触れ，その解決策を今後の課題としてもよいだろう．ここでのネガティブな情報は，自分が行った研究に関して十分に理解していることを示すことになり，論文の説得力を上げることができる．なお，状況に応じて Results & Discussionとして，一つの項目にまとめることもできる．

結論（Conclusion）

結論は論文全体の最後にある，考察で述べた内容を中心に総括するセクションだ．ここでとくに重要なのは，内容が序論に掲げた研究の目的と一致していることである．研究を通じて明らかになったことを，目的に照らし合わせながらできるだけ具体的に書こう．

執筆する際は，はじめのうちは結論の内容はアブストラクトを調整して作成するとよい．具体的にはアブストラクトの背景と方法を簡単に短くまとめ，結果と考察のエッセンスを少し詳しく書き直す．さらに研究を通じて解決しきれなかった課題から，今後の研究の計画についても述べておくと，全体としてバランスの取れた結論となる．ここでやってはいけないことは，本文で触れられていないまったく新しい情報を盛り込むことである．これをすると読者をかなり混乱させることになる．

論文の本文以外のセクション

参考文献（References）

論文の最後には，文中で参照・引用した文献を，掲載雑誌の規定に従ったフォーマットで載せる．論文を執筆するうえで，すでにある論文をもとにして論を展開していくことは重要である．参考文献は，その課題に多くの人が興味をもっていること，その研究が独りよがりでないことを示し，さらにあなたの研究の分野における位置づけを明らかにする役割をもつ．また，あなたの論文の読者が論文中のある事項に関してさらに詳しく知りたいと感じたとき，参考文献を頼りに情報を収集していくことになる．そのためにも，参考文献の記載は正確かつ具体的に行おう．

本文で文献を示すときは，どこが自分の考えで，どこが他者の示した内容かを明確にしなければいけない．参考文献として示す論文数に制限はないが，可能であれば文献の内容に重複がないようにしてあると，読者は助かるだろう．

引用（他人が書いた論文の文章をそのまま論文中で使用する）の場合は，引用文献を示すだけでなく，文中で引用している部分がどこなのかがはっきりとわかるようにしなければならない．明記しなければ，剽窃，つまり他者の業績を盗んだとみなされてしまう．たとえ明示したとしても他人の論文を，セクションあるいは段落ごと，まるまる引用するようなことは余程の必要性がない限りはやってはいけない．引用部分は，あくまで自分の主張を論証するための材料の一部であるべきであるということを肝に銘じておこう．

執筆者（Author）とその所属

研究のほとんどは，多くの研究者，協力者の支援のもとに行われている．あなたの研究も，指導教官，助手，前任者，サンプル提供者や実験や測定のサポート役をはじめとする多くの人がかかわっていることと思う．研究に中心的にかかわってきた人は，執筆者として掲載する必要がある．執筆者として掲載されるということは，その人たちの業績にもなり，これに関してはあとでトラブルになることもあるので，必ず英語論文を雑誌に投稿する前に，指導教官，共同研究者たちと相談しよう．原則的に，研究の成果に最も貢献した人（恐らくはあなただが）の名前が最初に記載される．2番目以降はその貢献度が高い順に並び，指導教官など，研究を統括する立場にある人の名前が最後に記載される．英語論文の添削をしてもらった，測定装置の使い方を教わったなど，研究の内容に直接関連しないかたちで貢献した人に関しては，執筆者ではなく謝辞に載せる．

謝辞（Acknowledgement）

論文を完成させるのは簡単なことではない．完成までには指導教員だけでなく，実務や精神面などで，さまざまな人に助けられたことだろう．書き上げたときには，その人たちに感謝を伝えたいと思うことも多いはずだ．そのようなときは，謝辞で感謝を述べればよい．また，資金援助を受けていればそれについても触れておこう．とくに今後も続けてお世話になる関係者や組織に対してしっかり感謝の意を表しておくことは，英語論文を投稿したあとにさらに研究活動を続けるためにも重要だ．

LESSON 02

パラグラフについて

パラグラフとは？

英語論文を書き始める前に，英語の文章の構造で重要なパラグラフについても知っておこう．

パラグラフはいくつかのセンテンスのまとまりである．日本語の段落によく似ていると考えることもできるが，パラグラフは少し意味が違う．パラグラフは英語特有の概念で，それぞれのパラグラフに含まれるいくつかのセンテンスは，一つの話題に関するものである．その集まりの単位がわかりやすいよう，最初の数文字が空欄になっていることが多い．英語論文でもパラグラフは重要な役割を担っており，通常，アブストラクトは一つ，序論以降の各セクションは複数のパラグラフで構成されている．

◆パラグラフは一つの話題について説明しているセンテンスの集まり

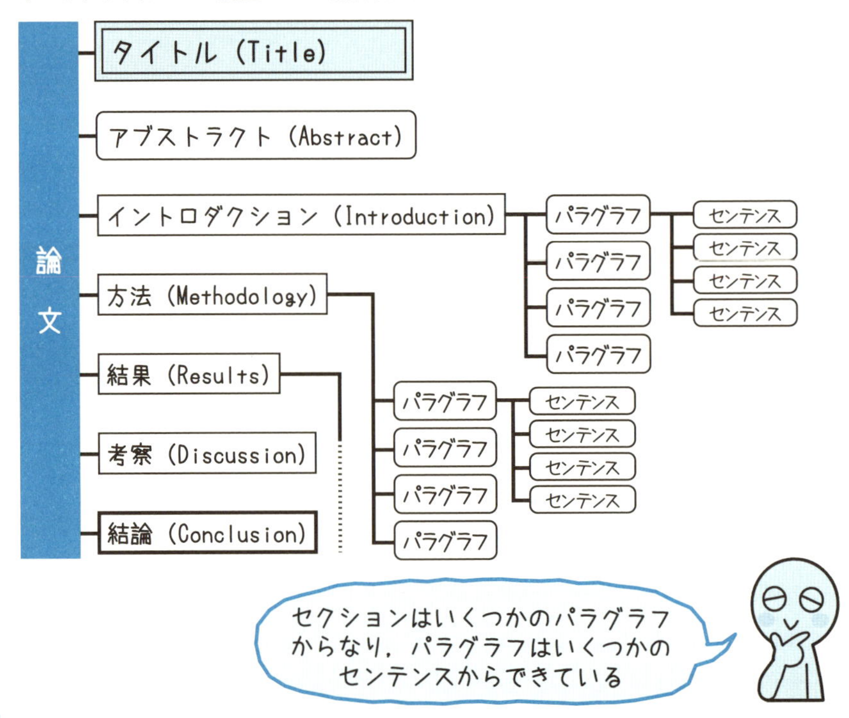

パラグラフを構成するセンテンスは，トピックセンテンスとサポーティングセンテンスに分類できる．トピックセンテンスは，その名のとおり，パラグラフの話題（トピック）を提供するためのセンテンスで，原則としてパラグラフの第１文目に置かれる．サポーティングセンテンスはトピックセンテンスにより提示された話題に関する具体例や補足説明を担うセンテンスで，パラグラフ中のトピックセンテンス以外のすべてのセンテンスである．パラグラフのなかにトピックセンテンスは一つなので，そのパラグラフのトピック（話題）は必ず一つになっていなければならない．

◆パラグラフはトピックセンテンスとサポーティングセンテンスでできている

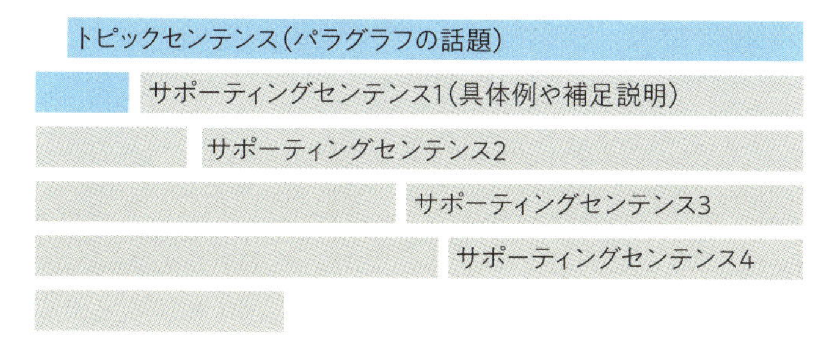

パラグラフリーディング

パラグラフを意識して英文を読むと，書かれている情報を効率的に理解，整理することができる．トピックセンテンスを読めば，読者はそのあとに続くサポーティングセンテンスの内容を予想することができるからだ．論文のように3000語にもなる長い文章でも，パラグラフごとに内容を予想し，整理しながら読むことによって，読者は内容全体を把握しやすくなる．

以下の三つの例でトピックセンテンス（ハイライトされたセンテンス）とサポーティングセンテンスの役割を具体的にみていこう．

例 1：Fossil fuels are essential in the lives of mankind after the technological innovation in the latter half of the 20th century. Thermal power generation, which burns fossil fuels, mainly produces electricity that is necessary to operate televisions, mobile phones, personal computers, and other electric appliances. Cars and airplanes do not operate without gasoline. In addition, chemical fiber, the material of our clothing, and plastics, the material of various products around us, are originated from fossil fuels. In other words, it is not an exaggeration to say that most of all essential things in our lives have links to the fossil fuels.

20世紀後半の技術革新以来，人類の生活は化石燃料なしでは成り立たなくなっている．テレビ，携帯，パソコン，その他の電化製品を動かすために必要な電力の多くは，化石燃料を燃焼させる火力発電により得られている．自動車や飛行機も，ガソリンと切り離して考えることはできない．また私たちの衣類の材料である化学繊維や，身の回りのさまざまな製品に使われているプラスチックも，原料は化石燃料である．つまり，私たちが生活のなかで必要とするもので化石燃料と無関係なものはほとんどないといっても過言ではない．

例 2：Fatty liver, wherein fat accumulates in liver cells, is one of lifestyle-related diseases. Continued overeating and lack of exercise cause accumulation of neutral fat, which are synthesized from carbohydrates and lipids, in liver cells. Excessive alcohol intake also accelerates neutral fat synthesis when decomposing the alcohol, and then, the neutral fat accumulates in liver cells. Appropriate exercise and diet modification are important for fatty liver treatment.

脂肪肝は肝臓に脂肪がたまる，生活習慣病の一つである．運動不足で過食を続けていると，糖質や脂質が中性脂肪となり肝臓に蓄積していく．また過度な飲酒も，アルコールを分解する際に中性脂肪を合成しやすくなり，それが肝臓に蓄積していく．脂肪肝の治療には，適度な運動と食生活の改善が大切である．

例 3：One may observe remarkable improvements in recent rice cooker technology. A rice cooker product automatically cooks rice to your preferred way with respect to your feedbacks about rice hardness and stickiness entered after each rice cooking operation. In addition, another rice cooker product owns data of optimum combination of water amount and heat level for each rice cultivar. Now, one can cook delicious rice, which once required many years of experience, with a single touch of a button.

最近の炊飯器の技術の向上には目を見張るものがある．ある炊飯器は，ご飯を炊いたときに硬さや粘り気の感想を入力すると，好みの炊き方へと自動的に調理してくれる．また別の炊飯器には，米の種類ごとの最適な水の量や火加減がインプットされている．かつては長年の経験が必要だったかもしれないが，今では誰でもワンタッチでおいしいご飯を炊くことができる．

例１では，最初のセンテンス，つまりトピックセンテンスとして，20世紀後半から人の生活に化石燃料が必要不可欠になっていることを，パラグラフの話題として提示し，続くサポーティングセンテンスで，人の生活のなかに根付く化石燃料活用の具体例を挙げている．例２では，脂肪肝が生活習慣病の一つであることを述べ，続くサポーティングセンテンスで，人が脂肪肝になる過程やその予防法といった，脂肪肝に関する補足説明をしている．例３では，このパラグラフが最近の炊飯器の技術についてであることを提示し，サポーティングセンテンスにより，その具体的な機能などを補足している．このようにパラグラフでは原則サポーティングセンテンスがトピックセンテンスの内容を具体的に説明するという関係が成り立っている．

パラグラフのつくりかた

とくに英語の論文を書くときは，パラグラフ，つまりトピックセンテンスとサポーティングセンテンスの構造関係を崩さないようにしなければいけない．

ではどのようにすれば，きちんとしたパラグラフをつくることができるだろうか．日本語には明確なパラグラフの概念がなく，日本語を英語に直訳してもうまくいかないことが多いのは，直訳しただけではうまくパラグラフにならないからでもある．そのため，日本語を英訳するときには次のような手順を踏む必要がある．

◆パラグラフ作成手順

(1)短い日本語で書く	まずは主張したいことを意味の最小単位に分割した日本語の短い文章で書く（箇条書きでもよい）.
▼	
(2)英　訳	日本語の文章を英語に訳す（とりあえず直訳で構わない）
▼	
(3)トピックセンテンスをつくる	(2) の英文のなかからトピックセンテンスになりそうな要素を選んで，組み合わせてトピックセンテンスをつくる.
▼	
(4)パラグラフをつくる	残りの文を必要に応じて組み合わせてサポーティングセンテンスをつくり，抽象的な内容から具体的な内容になるように並べる.
▼	
(5)センテンスのブラッシュアップ	できた英文にブラッシュアップを施し，より読みやすい英文にする（これについては後述）.

これはリバースエンジニアリングと呼ばれる手法で，科学技術系英文の翻訳・添削の専門家（テクニカルライター）により実際に紹介されている．一般的に日本語の文章は長く，一つの文で一つのパラグラフになるほどの情報を含むこともあるので，こうした手順を踏むことでシステマティックにパラグラフに変換することができる．一見手間がかかるように感じられるかもしれないが，この手順を踏めば，直訳に頼らず，内容を理解しながら英語で書き直すという本来の英訳のプロセスを行うことができる．多くの日本人，とくにはじめて英語論文を書く人はまず日本語で論文を書いてから英訳しているし，またそうでなくても，頭のなかでは日本語で考えていることを考えると，リバースエンジニアリングはきわめて実用的な手段と言えるだろう．

次からは，日本語の論文にありそうな例文を使って，それをパラグラフの構造をもつ英文へと変換する手順を具体的に紹介する．

パラグラフ作成実践編

以下の日本語の文章で，パラグラフ作成手順に基づいて英訳してみよう．まず，以下の日本語の文章とそれを直訳したものを読んでみよう．

現在，化石燃料の枯渇や二酸化炭素の排出による地球温暖化問題，化石燃料依存によるエネルギー問題の解決策として，有機廃棄物をリサイクルした発電が注目されており，廃棄物系バイオマスを改質しエネルギーを高効率で回収できるようにする触媒の調製を目的に，改質後の再利用を目的とした処理方法の検討が求められているとともに，触媒の合成プロセスの処理条件への影響を観察する必要がある．

（直訳） Currently, as a solution to global warming caused by exhaustion of fossil fuel and emission of carbon dioxide, energy problems due to dependence on fossil fuels, power generation by recycling organic waste has gained interests, and in order to prepare a catalyst capable of recovering energy at higher efficiency by reforming waste biomass, it is necessary to study a treatment method aiming at reuse after the reforming, and it is also necessary to observe the influence on the treatment conditions of the catalyst synthesis process.

この直訳の英文は非常に読みにくい．内容が1文に詰め込まれていて，また出てくる情報の順序にもメリハリがなく，最も伝えたいことが何なのかがわからない．このような文章ではほとんどの読者は最初の数行で読む気が失せてしまうだろう．

そこで，次は先ほどのリバースエンジニアリングの手順で，読みやすいパラグラフを構築してみよう．

（1）短い日本語で書く

まずはもとになる日本語の文章をできるだけ短い文章（意味の最小単位）に区切っていく．例や方法などの付随する情報もできるだけ細かく分けて書くとよい．必要に応じて，それらはもとになる文章の一つ下の階層に示しておこう．ここでは便宜上(a) -(i)と記号をふり，付随する情報は箇条書きで書く．

(a) 現在，以下の理由により，地球温暖化が問題となっている．
・化石燃料が枯渇している．
・二酸化炭素が排出される．
(b) 現在，我々は化石燃料に依存している．
(c) これにより，エネルギー問題が存在している．
(d) その解決策としてある発電方法が注目されている．
(e) それは，有機廃棄物をリサイクルした発電である．
(f) その発電には，ある触媒の調製が必要である
(g) その触媒は廃棄物系バイオマスを改質する．
(h) 改質されたバイオマスはエネルギーを高効率で回収できる
(i) 触媒の調整には，ある処理方法の検討が必要である．
(j) その処理方法は改質後の再利用を目的としている．
(k) つまり，触媒の合成プロセスの処理条件への影響を観察する必要がある．

(2) 英訳

次に (1) の日本語の文章を英訳する．はじめの長い日本語を英訳する場合は，主語を何にするかなどに注意を払わなければならなかっただろうが，このような短い英文であれば大学受験程度の英語力があれば英訳できるはずだ．わからない単語があれば，部分的に日本語にしておいて，あとでまとめて調べてもよい．

(a) Now, global warming is a problem due to the following reasons.
· Fossil fuels are depleted.
· Carbon dioxide is emitted.
(b) Now, we depend on fossil fuels.
(c) There is energy problem by this.
(d) As a solution to this problem, a power generation is expected.
(e) It is power generation that recycles organic wastes.
(f) The power generation needs modification of a catalyst.
(g) The catalyst reforms the waste biomass.
(h) The reformed biomass can recover energy at higher efficiency
(i) To control the catalyst, it is necessary to study a processing method.

(j) To control the catalyst, it is necessary to study the processing method aiming at reuse after reforming.

(k) It is necessary to observe the influence on the processing conditions of the catalyst synthesis process.

(3) トピックセンテンスをつくる

短い英文がつくれたら，ここからトピックセンテンスになりそうな要素，つまりパラグラフの話題にしたいことを考えて，(2) の英文を組み合わせてトピックセンテンスをつくる．この例では以下の(g)(i)(j)(k) を組み合わせてトピックセンテンスをつくることにした．

(g) The catalyst reforms the waste biomass.
その触媒は廃棄物系バイオマスを改質する．

(i) To control the catalyst, it is necessary to study a processing method.
触媒の調整には，ある処理方法の検討が必要である．

(j) The processing method aims at reuse after the reforming.
その処理方法は改質後の再利用を目的としている．

(k) It is necessary to observe the influence on the processing situations of the catalyst synthesis process.
つまり，触媒の合成プロセスの処理条件への影響を観察する必要がある．

➡ To reform and recycle waste biomass, it is necessary to observe influence on the processing situations of catalyst synthesis processes.
廃棄物系バイオマスの改質し再利用を行うためには，触媒の合成プロセスの処理条件への影響を観察する必要がある．

どの内容をトピックセンテンスにするかは，原則，執筆者でないと判断することはできない．次のパラグラフにどんな内容を入れるか，論文全体でどのような流れにするかも考えながら，選んでいこう．

(4) パラグラフをつくる

トピックセンテンスにならずに残った英文から，サポーティングセンテンスを作成する．基本的には抽象的な内容から具体的な内容になるように並べていけばよい．必要に応じて情報を取捨選択し，英語の表現を補いながらわかりやすいパラグラフにしよう．ここでの各センテンスはまだまだ改善の余地はあるが，この段階では語彙や細かな文法は気にせず，パラグラフをつくることに注力しよう．パラグラフがきちんとつくれていれば，日本語の文章から直接英訳した最初の文章よりもはるかに読みやすくなっているはずだ（もちろんこれを和訳すると，最初の日本語とは異なったものになるだろう．しかし，これを含めて適切な判断を下すことが著者には求められている）．

(a) は付随する情報 (b), (c) と共に情報を整理したうえで一文にする（化石燃料の枯渇に関する記述は地球温暖化の原因としては少しおかしいと判断し，取り除いていることに注意）．

Currently, global warming due to carbon dioxide emission and dependence on fossil fuels is a problem.

(d) と(e) を組み合わせて，一文にする．

As a solution to this problem, power generation that recycles organic waste is expected.

(h) を前後のつながりを考え以下のように書き直す．

For the purpose, it is necessary to condition the catalyst and to reform the waste biomass so that energy can be recovered in higher efficiency.

(f) は前後の表現に合わせ，needs modification of a catalystを，it is necessary to consider a treatment method aiming at reuse after the reforming と解釈した．

To condition the catalyst, it is necessary to consider a treatment method aiming at reuse after the reforming.

➡ To reform and recycle waste biomass, it is necessary to observe influence on the processing conditions of catalyst synthesis process. Currently, global warming due to carbon dioxide emission and dependence on fossil fuels is a problem. As a solution to this problem, power generation that recycles organic waste is expected. For the purpose, it is necessary to condition the catalyst and to reform the waste biomass so that energy can be recovered in higher efficiency. To condition the catalyst, it is necessary to consider a treatment method aiming at reuse after the reforming.

廃棄物系バイオマスを改質し再利用を行うためには，触媒の合成プロセスの処理条件への影響を観察する必要がある．現在，二酸化炭素の排出，化石燃料への依存が地球温暖化の問題を引き起こしている．その解決策として有機廃棄物を再利用した発電が期待されている．その為には，ある触媒を調製し，廃棄物系バイオマスからエネルギーを高効率で回収できるよう改質する事が必要である．触媒の調整には，改質後の再利用を目的とした処理方法の検討が必要となる．

実践編

上記の手順をふまえて, 以下の日本語の文章から, 英語のパラグラフをつくってみよう.

特殊な有機ナノ物質の希薄水溶液を凍結乾燥すると，多数の空孔を有する低密度な構造体を得ることができ，この柔軟性および低密度の特徴をもつ材料には，例えば，ポリマー繊維を含有することで，超軽量材料を作製することが可能で，これにより機械的性質に優れた吸音材としての応用が期待される．

(1) 短い日本語で書く

まずは主張したいことを日本語の短い文章（意味の最小単位）で書く（箇条書きでもよい）.

(a) 特殊な有機ナノ物質がある．
(b) その希薄水溶液を凍結乾燥する．
(c) すると，ある材料を得ることができる．

(d) その材料は以下の性質を持つ
- ・低密度である．
- ・多数の空孔を有する．
- ・柔軟性を持つ．

(e) たとえば，この材料にポリマー繊維を含有する．
(f) すると，超軽量材料を作成することができる．
(g) その材料は，機械的性質に優れている．
(h) その材料は，優れた吸音材としての応用が期待される．

(2) 英訳

(1) の日本語の文章を英語に訳す（とりあえず直訳で構わない）．

(a) There is a special organic nanomaterial.
(b) One can freeze-dry its dilute aqueous solution.
(c) Then, a material can be obtained.
(d) The material has the following characteristics
- ・Low density
- ・Porous
- ・Flexible

(e) For example, the material can contain polymer fibers
(f) Then, it becomes a super lightweight material.
(g) The material has excellent mechanical properties.
(h) The material is expected to be applied as an excellent sound absorbing material.

(3) トピックセンテンスをつくる

トピックセンテンスになりそうな要素を選んで，(2) の英文を組み合わせてトピックセンテンスをつくる．

たとえば(a)(c)(d)を組み合わせてトピックセンテンスをつくる．

A porous material made from a special organic nanomaterial is expected to be applied for a new sound absorbing material.

ある特殊な有機ナノ物質からつくられる空孔材料は，新たな吸音材としての応用が期待されている．

(4) パラグラフをつくる

残りの文を必要に応じて組み合わせてサポーティングセンテンスをつくり，抽象から具体の順序で並べてパラグラフを完成させる．

A porous material made from a special organic nanomaterial is expected to be applied for a new sound absorbing material. When dilute aqueous solution of an organic nanomaterial is freeze-dried, a certain material is obtained. The material is porous and has lower density and flexibility. When it contains polymer fibers, it becomes a super lightweight material with excellent mechanical properties. It is expected as an excellent sound absorbing material.

ある 特殊な有機ナノ物質からつくられる空孔材料は，新たな吸音材としての応用が期待されている．その有機ナノ物質の希薄水溶液を凍結乾燥すると，ある構造体を得る．その構造体は，多数の空孔を有し，低密度で柔軟性を持つ．これが，ポリマー繊維を含有すると，機械的性質に優れた超軽量材料となる．それは優れた吸音材として期待されている．

自動車などの組み立ての製造工程は各工程の処理時間にばらつきをもつことが多く，従来のスケジューリング手法をそのまま適用しても期待通りの成果が得られるとは限らない．そのため，このような処理時間のばらつきをもつ生産システムに対して，あらかじめ各工程の不確実性を数値化し，コンピュータ制御により各工程の設備動作を制御し，作業者の動作時間の微調整を行う，スケジューリングの新たな手法であるXYZ法を拡張して適用することが考えられている．

(1) 短い日本語で書く

まずは主張したいことを日本語の短い文章（意味の最小単位）で書く（箇条書きでもよい）.

(a) 製造工程では自動車等の組み立て等が行われる.
(b) 製造工程の各工程の処理時間はばらつきをもつことが多い.
(c) 従来のスケジューリング手法を適用する.
(d) その場合，この問題の解決策とならないこともある.
(e) 生産システムは処理時間のばらつきをもつ.
(f) XYZ法は新たなスケジューリングの手法である.
(g) XYZ法を拡張して生産システムに適用する.
(h) XYZ手法によるプロセスは以下のとおりである.
・あらかじめ各工程の不確実性を数値化する.
・コンピュータ制御により各工程の設備動作を制御する.
・作業者の動作時間の微調整を行う.

(2) 英訳

(1)の日本語の文章を英語に訳す（とりあえず直訳で構わない）.

(a) In manufacturing processes, automobile and other products are assembled.
(b) Processing time of each step of the manufacturing process often varies.
(c) Then one may apply a conventional scheduling method.
(d) In such case, the solutions to this problem may not be obtained.
(e) Production systems have variations in processing times.
(f) XYZ method is a new scheduling method.
(g) We extend the capability of XYZ method and apply it to production system.
(h) The steps to implement the XYZ method are as follows.
· Digitize the uncertainty of each process in advance.
· Control facility operation of each process with computer.
· Finely adjust the workers' operation times.

(3) トピックセンテンスをつくる

トピックセンテンスになりそうな要素を選んで，(2) の英文を組み合わせてトピックセンテンスをつくる．

ここではXYZ法は，各工程の処理時間のばらつきを減少させるためのものであることを踏まえて(e) (f) (g) を組み合わせてトピックセンテンスとする．

> Variation in processing times of a production system may be reduced by extending a new scheduling method, XYZ method.
>
> XYZ法を拡張することにより，生産システムの処理時間のばらつきを減少させることが期待されている．

(4) パラグラフをつくる

残りの文を必要に応じて組み合わせてサポーティングセンテンスをつくり，抽象から具体の順序で並べてパラグラフを完成させる．

> Variation in processing times of a production system may be reduced by extending, a new scheduling method, XYZ method. It is a special scheduling method. In manufacturing processes, automobile and other products are assembled. The processing time at each process often has variation. Then, it may be considered to apply a conventional scheduling method, but in such case, solutions to this problem may not be obtained. On the contrast, in the process using the XYZ method, the uncertainty of each process is digitized in advance and fine adjustments of the workers' operation times is performed by controlling the facility operation of each process with computer.
>
> 特殊なスケジューリング手法であるXYZ法を拡張することにより，生産システムの処理時間のばらつきを減少させることが期待されている．製造工程では作業者による自動車等の組み立て等が行われるが，各工程の処理時間はばらつきを持つことが多い．そこで，従来のスケジューリング手法を適用する事が考えられるが，その場合，この問題への解決策とならないこともある．XYZ手法によるプロセスでは，

あらかじめ各工程の不確実性を数値化し，コンピュータ制御により各工程の設備動作を制御する事により，作業者の動作時間の微調整を行う.

パラグラフで迷子も予防できる

ここで作成した英文は，文法や単語の選び方など，細かい部分ではまだ完璧とは言えない．しかし，少なくともパラグラフが構築されてトピックセンテンスが明確になっていれば，論文全体のストーリーが把握できるようになっているので，読者は概要を掴むことができるだろう．

はじめて英語論文を書く場合，おそらく最初の重要な読者は指導教官だ．指導教官に内容がうまく伝わらないと，最終的に論文全体を修正しなければならなくなる可能性が高い．パラグラフができていないと，全体の内容が把握できず，部分的な修正で済む問題が周囲へと伝染し，結局論文全体を修正しなければならなくなるからだ．これはまさに「迷子」の状態だ．

英語論文執筆は一回書いて終わりではない．自分や指導教官をはじめとする研究の関係者が何度も協力して推敲し書き上げるものだ．修正は避けることができない過程なので，その被害が最小限になるよう，ここでパラグラフの考え方をしっかりと身につけておこう．ここでパラグラフができていれば，「迷子」になることなく部分的な修正で済むことが多いし，英語に堪能な人に相談して，

校正をお願いしやすくなるはずだ．執筆する以上，論文にかかわる人すべてを意識して，読みやすくなるよう心がけよう（これは査読にも影響する）．

なお，英語が得意で，英語で思考しながら英文を書けるという人でも，パラグラフがうまくつくれるわけではない．たとえネイティブであっても意識と訓練が必要なのだ．

パラグラフリーディング

論文を含めて，文献調査をするときには，精読する前にパラグラフリーディングを行うことを提案する．パラグラフリーディングとは，まず各パラグラフのトピックセンテンス（1 文目）だけを先に読むことで，短時間で全体像を把握することである．パラグラフがきちんと構成されている論文であれば，どこにどんな内容が書かれているかをある程度把握することができるはずだ．そうすれば精読するときのスピードや理解度が上がるし，気になるところだけを拾い読みすることもできる．パラグラフリーディングは文献調査に割く時間を節約し，効率的に情報収集が行えるのでぜひやってみてほしい．この際，図表とそのタイトルにも目を通しておくことがオススメだ．

文献調査をしていると，なかにはパラグラフ構成がしっかりしていないものが結構あることに気づく．これはあくまで私見だが，パラグラフリーディングができない，つまりトピックセンテンスを拾い読みしても全体の流れがみえてこない論文は，あまり時間をかけて読まないほうがよいと思う．その論文はあなたが興味をもつ分野から離れているか，パラグラフを意識して書かれていないため，精読しても理解できない可能性が高いからだ．指導教員や先輩に勧められたなどの特別な理由がない限りは，あなたの貴重な時間は別の良質な論文を読むことにあてたほうが得策ではないだろうか．

LESSON 03

時制

論文で使われる時制

日本語ではあまり意識しないが，英語を考えるときには時制も重要になる．高校までに，現在形，過去形，未来形，現在進行形，現在完了形，過去完了形など，さまざまな時制を学習するが，英語論文では，とりあえず現在形，過去形，現在完了形の三つの区別を理解しておけば十分だろう．

現在形

現在形は，原則として現在の時点においての事実を表す．状態や動作が，過去，現在，未来に継続すると考えられるときに用いる．したがって，序章など，研究の背景を表す文章において現在形を用いる場合はしばしば出現する．

(1) Currently, machine products have many parts made from metals such as iron and aluminum and others.
現在，機械製品には，鉄，アルミなどの金属製の部品が広く用いられている．

(2) The features of metal parts, higher density and difficulty in processing, cause problems in weight and cost reduction.
比重が高く，加工が困難であるという金属部品の特徴は，軽量化やコスト削減の妨げとなる．

(3) The mechanical parts, however, cannot be applied to mechanical products that require higher reliability because they sometime unexpectedly fail causing product malfunction.
しかし，その部品は，想定外の破壊を発生し，製品の故障の原因となるため，高い信頼性が必要となる機械部品への応用は難しい．

(4) Heat-resistant hard resin, which has higher strength equivalent to metals, are expected as a replacement for mechanical parts.

金属と同等の強度をもつ耐熱性硬質樹脂は，金属製部品の代替として注目されている．

(1)から(4)の例は現在形を用いる典型的な場面である．これらの例のように，とくに機械，部品，製品，材料などが設計された結果，ある状態が発生している場合には，現在形を選ぶとよい．同様に設計された場合はいずれも結果が同じになるはずであるという意味で，現在の時点における事実であると言え，その状態や動作は過去，現在，未来に継続すると判断することができるからだ．

過去形

過去形は，過去のある時点において終了している動作や状態を表すときに用いる．現在完了形に比べると，過去の状態や動作が現在とは切り離されている印象を与える．

(1) Previous researches, however, pointed that the usage environment may deteriorate the strength of the heat-resistant hard resin causing the unexpected failures.
これまでの研究により，使用環境が耐熱性硬質樹脂の強度を低下させ，想定外の破壊の原因になっていることが指摘されている．

(2) In this research, we examined how particle sizes of oil mist and its temperatures influence on the strength of the heat-resistant hard resin with respect to the fact that the unexpected failures were often observed near machines, such as machine tools, that use lubricant oils.
本研究では，工作機械など，潤滑油を用いた機械が設置されている工場での破壊に関する報告が目立っていることに着目し，オイルミストの粒径とその温度による耐熱性硬質樹脂の強度への影響を調査した．

(3) Then, we observed strength reductions at smaller particle sizes of oil mist and at higher temperatures and so, concluded that the particle sizes of oil mist and its temperature may be factors that have caused the unexpected failures.

その結果，高温で粒径が小さいオイルミストにおいて，強度の低下を観測し，オイルミストの粒径と温度が想定外の破壊の原因となっていた可能性があると結論づけた．

(1) は先行研究に関する説明で，この研究と切り離された過去の出来事と考え，過去形にしている．(2)(3) は研究の結果に関する説明だが，これらの結果が出たのも，現在とは切り離された過去の出来事なので過去形としている．

現在完了形

現在完了形は，過去のある時点において終了している動作や状態を表し，それが，現在にもなんらかの影響を与えている状態を表す．

(1) Recently, then, mechanical parts made from heat-resistant hard resin have gained attention.
そこで近年，耐熱性硬質樹脂製の機械部品が注目されている．

(2) The detailed mechanism, however, has not been clarified yet.
しかし，その詳細なメカニズムはまだ解明されていない．

(1) では耐熱性硬質樹脂 (heat-resistant hard resin) が注目を集め始めた (gained attention) のは過去の出来事だが，現在行われようとしているこの研究に影響を与えているため，現在完了形を使っている．また，(2) は破壊メカニズムの詳細が解明されていないという過去の状態がいまの研究につながっていることから，現在完了形としている．

英語論文を書き始める前に英語論文の構造を，項目，パラグラフレベルでしっかりイメージしておこう．パラグラフを意識した英文は読みやすいだけでなく，あとからの修正も容易になる．また日本語ではあまり気にしない時制にも注意しよう．

chapter 3
論文のストーリーをつくる

LESSON 01

英語論文と研究の流れ

研究活動と研究の目的

研究を通じて得られる膨大な情報を計画なしにまとめようとすれば，必ず作業が行き詰まり，「迷子」になってしまう．そうならないためには，書き始める前に論文の計画を立てておくことが大切だ．

そこで論文の計画を立てるにあたり，もう一度「研究の目的」から見直していきたい．

研究とは，「なんらかの問題」を解決することである．その「問題」を整理するためには，「研究対象のシステム」がもたらす「望ましい状態」と「望ましくない状態」を考えるとよい．ここで「研究対象のシステム」とは，あなたが研究の対象としているモノやコトで，おそらく「あなたの研究は何についてですか」という質問に対する答えがそれにあたる．そしてその「研究対象のシステム」は，なんらかの「望ましい状態」と「望ましくない状態」を発生しているはずだ．「望ましい状態」とは，「研究対象のシステム」の存在意義，主要な役割だ．たとえば自動車なら「早く移動できる」という望ましい状態をもたらすし，発電所には「電力を供給する」，モータには「動力を発生させる」という望ましい状態がある．一方「望ましくない状態」とは，「望ましい状態」を得ようとするとどうしても発生してしまう「研究対象のシステム」の問題点や課題であり，その研究に取り組む意義や，根拠とも言えるだろう．つまり研究の目的とは，この「望ましくない状態」を除去したり，軽減したりして，「問題」を解決することである．

◆研究対象のシステムは「望ましい状態」を得るために存在しているが，同時に「望ましくない状態」も発生してしまう

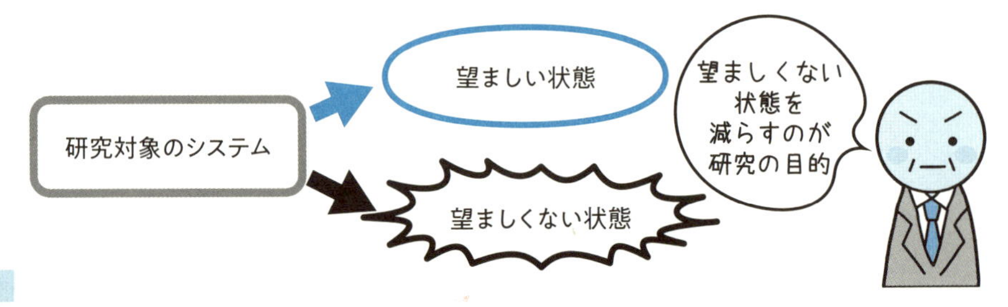

「研究対象のシステム」が同じでも「望ましい状態」や「望ましくない状態」は研究者の置かれた立場，環境によって異なるので，ある意味，主観により決まり，必ずしも同じ答えになるわけではない．しかし，研究をほかの人に説明したり，スムーズな議論を行うためには，それらを明確にすることが必要不可欠だ．また，論文は基本的に，A4 に 5 ～ 10 ページ程度，文字数にすると 3000 ～ 4000 語程度である．このボリュームにまとめることを考えると，「研究対象のシステム」「望ましい状態」「望ましくない状態」を具体的に意識して情報を整理，単純化，厳選することも大切だ．

次の例で具体的に「研究対象システム」「望ましい状態」「望ましくない状態」についてイメージしていこう．

例 電気自動車の一充電走行距離を延ばす研究：たとえば，あなたは電気自動車の一回の充電で可能な走行距離（一充電走行距離と呼ばれる）を延ばす研究をしているとする．その場合，「研究対象のシステム」は「電気自動車」，「望ましい状態」は「早く移動することができる」，「望ましくない状態」は「一充電走行距離が不十分である」ということになる．したがってこの研究の目的は，「新たな電気自動車」と呼べる「新たなシステム」を考案し，「一充電走行距離を延ばす」ことと言える．

例 免震構造の信頼性を向上させる研究：たとえば，あなたが免震構造の信頼性の向上について研究しているとする．その場合，「研究対象のシステム」は「免震構造を備えた建造物」，「望ましい状態」は「快適な居住空間を提供する」，「望ましくない状態」は「地震時に崩壊の危険性がある」ということになる．したがってこの研究の目的は，「新たな免震構造」と呼べる「新たなシステム」を考案し，「地震時の崩壊の危険性を下げる」ことと言える．

◆同じ研究対象でも人によって研究の目的は違う

研究活動の三つのステップ

研究の目的を「研究対象のシステム」の「望ましくない状態」を除去，軽減することと捉えると，研究活動は三つのステップに分類して考えられる．まず，「問題」を解決するために，その発生メカニズムを解明することが最初のステップである．問題の発生メカニズムをどのように認識するかによって解決方法が決まる（変わる）からだ．メカニズムがわかれば，次にその解決策として「新たな（研究対象の）システム」を提案する．そしてさらに，その「新たな（研究対象の）システム」が「望ましくない状態」を除去あるいは軽減することを実験などで証明する．研究活動はこの三つのステップによってその目的を達成すると言える．

ただし，多くの場合，研究活動は終わらない．それは「新たな（研究対象の）システム」の検証で，「新たな望ましくない状態」が発生するからだ．つまり，再びステップ1へと戻り，さらなる研究を進めていくことになる．

◆研究活動の三つのステップ

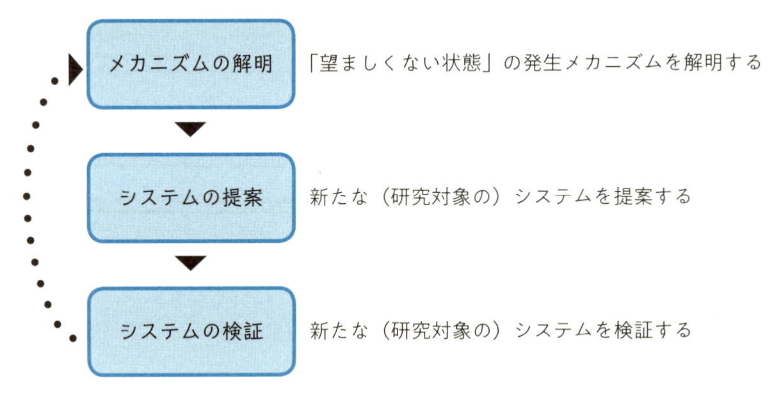

先ほどの電気自動車の一充電走行距離を延ばす研究を例に，具体的に研究活動の流れをみてみよう．

メカニズムの解明

「電気自動車」から発生する「望ましくない状態」を「一充電走行距離が不十分である」と認識したとき，その原因はどこにあるだろうか．電気自動車のバッテリーの内部構造になんらかの問題があり，それが原因で十分な充電容量を確保できないのなら，内部構造の具体的にどの部分が充電容量と関係しているかを解明する必要があるかもしれない．いずれにせよメカニズムはできるだけ具体的に解明する必要がある．

システムの提案

「電気自動車」から「ある一定の距離以上は走行できない」という「望ましくない状態」が発生する問題の原因について，先行研究などにより十分な知見が得られているのであれば，解決策が提案できるはずだ．たとえば，バッテリーの内部構造が充電容量に影響を与えるならば，その内部構造を変更した「新たなバッテリー」〔新たな（研究対象の）システム〕を提案することができるかもしれない．

システムの検証

ステップ2で「新たな（研究対象の）システム」である「新たなバッテリーを搭載した電気自動車」を提案したのなら，次は実際にそれを開発し，性能を検証することになるだろう．その結果として，「新たなバッテリーを搭載した電気自動車」が，「一充電走行距離が十分になった」のであれば，ひとまず当初の目的は達成されたと言える．

しかし，当初の目的は達成されても，たとえば「安全性に問題がある」といった別の問題，つまり「新たな望ましくない状態」が発生する．あなたがその原因を解明し，その問題を解決する必要があると判断するならば，再び「メカニズムの解明」に戻ることになる．

◆研究活動とは三つのステップの繰り返し

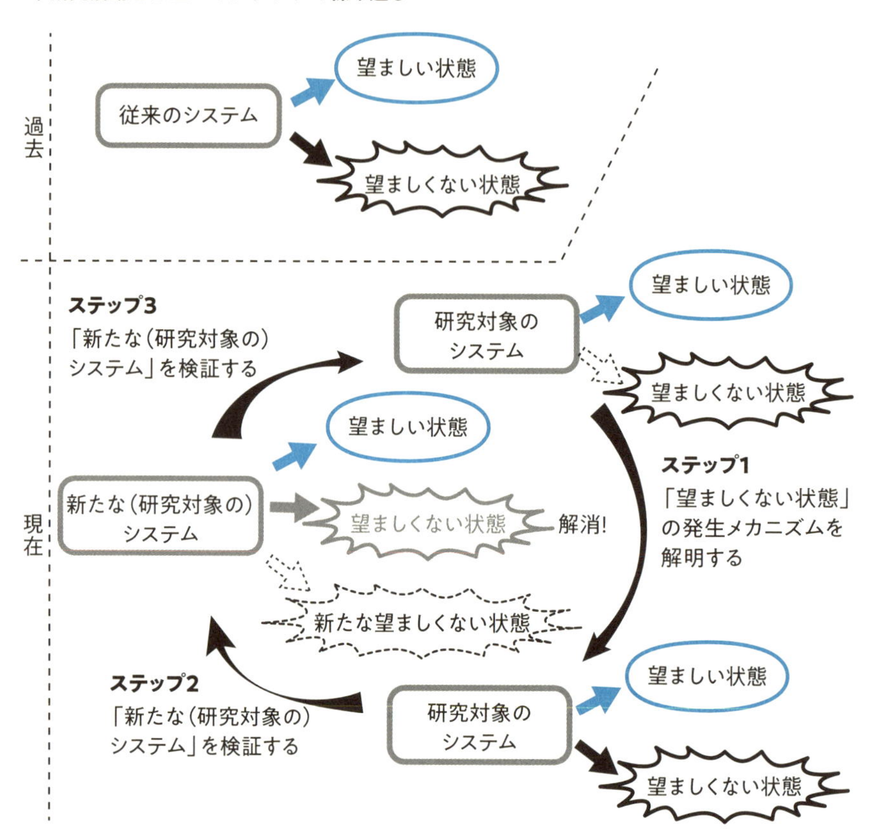

LESSON 02

論文のまとめ方を決める

論文のまとめ方の２大パターン

研究活動に終わりはないが，あなたの研究を多くの人に知ってもらうには論文や学会を通じて定期的に成果を発表していかなければならないだろう．そのためには研究活動をどこかで区切り，筋の通った成果としてまとめる必要がある．

論文にまとめやすい研究活動の区切り方として，前節の研究の三つのステップの「メカニズムの解明」から「システムの提案」までをまとめる方法と,「システムの提案」から「システムの検証」までをまとめる方法の２パターンがある．実際，多くの論文がこのどちらかに当てはまっているだろう．もちろん無理に当てはめる必要はないが，もし現在，決め手になるまとめ方がないのであれば，まずはこれらの流れを参照して，自分の研究のまとめ方をイメージしてみよう．

◆研究のまとめ方

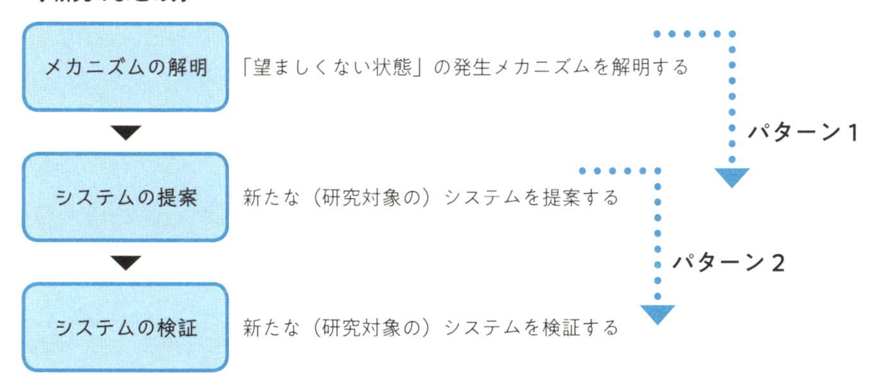

パターン１：「望ましくない状態」の発生メカニズムの解明

「望ましくない状態」が「研究対象のシステム」からどのようなメカニズムで発生しているのか，先行研究で十分な知見が得られていない場合，「望ましくない状態」の発生メカニズムを解明し，「新たな（研究対象の）システム」を提案するというストーリーがつくれる．先の電気自動車の例であれば，「電

ch.3

気自動車」が「一充電走行距離が不十分である」要因が，充電容量が不十分であることにあり，その充電容量にはバッテリーの内部構造が関係していることを突き止めた，というストーリーになる．そしてストーリーの最後で，バッテリーの内部構造に変更を施した「新たなバッテリー」〔これが「新たな（研究対象の）システム」になる〕のアイデアや可能性を提示すれば，一つの研究成果として評価されうるものになるだろう．

パターン２：「新たな（研究対象の）システム」の開発と実証

ある「研究対象のシステム」について，先行研究で「望ましくない状態」の発生メカニズムが十分に解明されているのなら，「新たな（研究対象の）システム」を提案することができる．その場合，実際に「新たな（研究対象の）システム」を開発し，「研究対象のシステム」と比較して効果が実証できれば，一つの成果のストーリーとして論文にまとめることができる．たとえば「電気自動車」の例なら，すでにバッテリーの内部構造がその充電容量にかかわることがわかっているという立場なら，内部構造になんらかの改善を施した「新たなバッテリー」を作成し，それが一充電走行距離を延ばすのに十分な充電容量に達していること，それを搭載した電気自動車の一充電走行距離が十分になったことを証明し，研究の目的が達成された，という流れになる．ただし，当初の研究の目的が達成されても，通常，新たな問題が出てくるものなので，論文では「研究対象のシステム」は「望ましくない状態」を解決したが，「新たな望ましくない状態」が発生し，この課題をクリアすることが必要だ，などと結ぶことになる．さらに「新たな（研究対象の）システム」の問題点に触れておけば，自分の研究結果について客観的に評価していることを読者にアピールできる．

工学系の論文のまとめ方・理学系の論文のまとめ方

ここで工学系と理学系の研究の違いについても考えておこう．

理学と工学の定義についてはさまざまな議論があるが，工学は「人の役に立つモノ・コトをつくるための学問」，理学は「自然現象についての理解を深めるための学問」といったところだろう．

最近の工学系の研究では，「持続可能な社会の実現」の重要性が強調されることが多く，そのような視点からの「新たな（研究対象の）システム」の開発を目指す研究が盛んだ．とくに産業革命以降の技術の発展により，高コスト（たとえば時間，材料，エネルギー，労力など）という「望ましくない状態」を低減してつくられた「人の役に立つモノ・コト」による「望ましい状態」の代償として，環境破壊という「望ましくない状態」が発生しており，これを除去，軽減するという趣旨である．

では理学系の研究ではこれら「研究対象のシステム」「望ましい状態」「望ましくない状態」はどのように捉えたらよいだろうか．理学系研究のすべてに当てはめられるわけではないが，「研究対象のシステム」を「自然現象のモデル」，「望ましい状態」をその「自然現象の挙動を正確に予測すること」，「望ましくない状態」を「実際の挙動との差」と捉え，研究の目的を「新たな自然現象のモデル」を提案し「実際の挙動との差」を取り除く，もしくは減少させることとするとうまくいくことが多いと考えている．たとえばフックの法則では材料の変形と荷重は比例するとしているが，これは変形が弾性限度以下の微小な場合のみに限られる．それ以上の荷重を加えたときの変形挙動を説明する新たな法則について研究しているならば，「研究対象のシステム」は「フックの法則」，「望ましい状態」は「材料の挙動を予測する」こと，「望ましくない状況」は「弾性限度以上の材料の挙動に関しては予測できない」こととなる．

論文のまとめ方を迷う場合は，投稿する雑誌で論文のパターンを決めるという手もある．他人の論文を読むときにも，その研究の「研究対象のシステム」「望ましい状態」「望ましくない状態」と，まとめ方のパターンを意識してみると興味深いだろう．自分の論文のストーリーもきっとみえてくるはずだ．

LESSON 03
アウトラインでストーリーを決める

論文のアウトラインで研究の目的を明確にする

論文のまとめ方が決まったら，次は論文の計画を考えよう．論文の計画と言うと研究計画書のような堅苦しい書類を想像してしまうかもしれないが，ここでは簡単な筋書き＝アウトラインと考えればよい．アウトラインでは「研究対象のシステム」について「望ましい状態」や「望ましくない状態」を絡めながら，技術や理論の進化によるシステムの変遷について述べ，そのうえで研究の目的，つまりどのような問題を解決することを目指しているのかを明らかにする流れをつくる．

このとき,「研究対象のシステム」「新たな（研究対象の）システム」のほかに，過去から現在にわたって普及している「従来のシステム」（多くの研究で存在しているはずだ）についても，比較対象としてアウトラインに盛り込んでおくとわかりやすくなる．この「従来のシステム」にも「望ましい状態」と「望ましくない状態」があり，あなたが扱う「研究対象のシステム」は，この「従来のシステム」による「望ましくない状態」の解決策として期待されていること

◆アウトラインを書くと研究の流れが明確になる

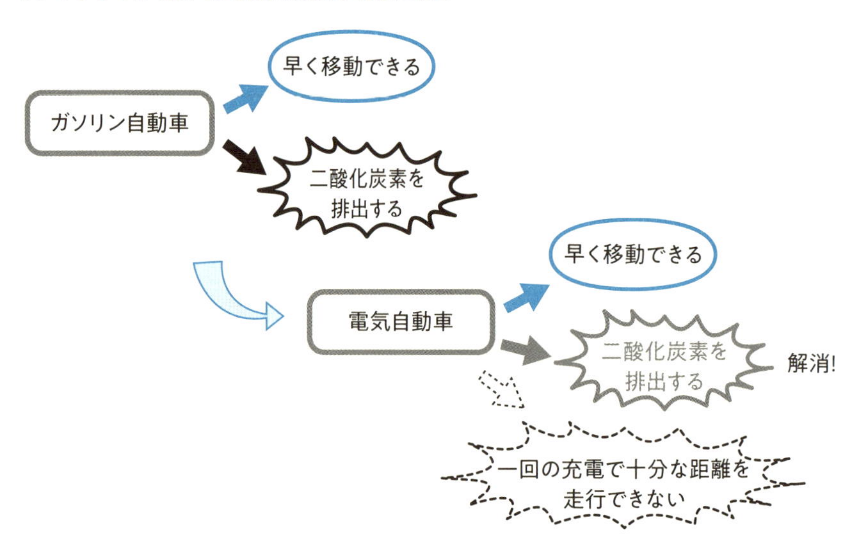

だろう．たとえば電気自動車の研究の例では，「従来のシステム」は現在普及している「ガソリン自動車」と考えられる．もちろん，ガソリン自動車の望ましい状態は「早く移動することができる」であり，移動手段として広く用いられている．一方で「望ましくない状態」として，たとえば地球温暖化の原因の一つとされる二酸化炭素を排出することが挙げられる．この「望ましくない状態」を解消するために，「研究対象のシステム」と，二酸化炭素の排出を低減する電気自動車が存在しうる．ただし，その電気自動車が一回の充電で十分な距離を走行できないとすれば，それが「望ましくない状態」ということになる．

そこで，これを順を追って流れがわかるようにアウトラインをまとめてみると，次のように書けるだろう．

> 現在，ガソリン自動車は移動手段として広く用いられている．しかし，ガソリン自動車は地球温暖化の原因の一つとされる二酸化炭素を排出することが知られている．そこで，近年，二酸化炭素の排出を低減する電気自動車が注目されている．ただし電気自動車は，一回の充電で十分な距離を走行できないことが問題となっている．

アウトラインをまとめるときのポイント

シンプルかつ明確なアウトラインをシステマティックに仕上げるためには，「従来のシステム」，「研究対象のシステム」，「新たな（研究対象の）システム」は共通の「望ましい状態」を発生させる一方，それぞれの段階で発生する固有の「望ましくない状態」を解決してきたという話の流れにすることを提案する．

ここで，自動運転システムに関する研究についての次の二つのアウトラインの例をみてほしい．

> **例 1**　現代社会において，自動車は快適な生活を送るためになくてはならないものであるが，交通渋滞の発生が問題となっている．自動運転システムは，スムーズな交通の流れを実現する技術としても期待されており，将来は交通渋滞の問題も解決すると期待されている．しかし，自動運転システムはシステムの誤作動による交通事故発生の可能性が存在する．そこで本研究では，自動運転システムに車両間通信ネットワークを導入し，この誤作動による交通事故の発生リスクの低減を目指す．

> **例 2**　現代社会において，自動車は快適な生活を送るためになくてはならないものとなっている．さらに休日に運転を楽しむ愛好家も多い．しかし，誤った操作による交通事故や，日常的な渋滞，二酸化炭素の排出による大気汚染といったさまざまな問題も発生している．そこで，電気自動車による自動運転システムの実現に向けた研究が進んでおり，これにより，交通事故や渋滞の減少，さらには，自動車の操作が不要となることが期待されている．そこで，本研究では新たな車両間通信ネットワークの構築により，自動車によるさまざまな問題を解決し持続可能な社会の実現を目指す．

これらのアウトラインでは，どちらも自動運転システム，車両間通信ネットワークなど，具体的な専門用語が並んでいる．しかし，例 1 に比べて例 2 のほうがわかりにくいと感じるのではないだろうか．そこで，まずこれらの例を，「研究対象のシステム」「望ましい状態」「望ましくない状態」を意識して観察してみよう．それぞれ「研究対象のシステム」と思われるものにマーカー，「望ましい状態」と思われるものに下線，「望ましくない状態」と思われるものに下二重線を引き，さらに表にまとめてみると次のようになる．

例１　現代社会において，自動車は快適な生活を送るためになくてはならないものであるが，交通渋滞の発生が問題となっている．自動運転システムは，スムーズな交通の流れを実現する技術としても期待されており，将来は交通渋滞の問題も解決すると期待されている．しかし，自動運転システムはシステムの誤作動による交通事故発生の可能性が存在する．そこで本研究では，自動運転システムに車両間通信ネットワークを導入し，この誤作動による交通事故の発生リスクの低減を目指す．

◆わかりやすいアウトラインは情報が厳選されている

	システム	望ましい状態	望ましくない状態
従来のシステム	自動車	・快適な生活を送れること，スムーズな交通の流れ，誤作動による交通事故の発生リスクの低減	・交通渋滞の発生
研究対象のシステム	自動運転システム（を搭載した自動車）		・システムの誤作動による交通事故の発生
新たな（研究対象の）システム	車両間通信ネットワークを導入した自動運転システム		

例２　現代社会において，自動車は快適な生活を送るためになくてはならないものとなっている．さらに，休日に運転を楽しむ愛好家も多い．しかし，誤った操作による交通事故や，日常的な渋滞，二酸化炭素の排出による大気汚染といったさまざまな問題も発生している．そこで，電気自動車による自動運転システムの実現に向けた研究が進んでおり，これにより，交通事故や渋滞の減少，さらには，自動車の操作が不要となることが期待されている．そこで，本研究では新たな車両間通信ネットワークの構築により，自動車によるさまざまな問題を解決し持続可能な社会の実現を目指す．

◆わかりにくいアウトラインでは情報量は多く，それぞれの関係がわかりにくい

	システム	望ましい状態	望ましくない状態
従来のシステム	自動車	・快適な生活を送る ・休日に運転を楽しむ	・さまざまな問題（誤操作による交通事故，日常的な渋滞，二酸化炭素の排出による大気汚染）
研究対象のシステム	自動運転システム（を搭載した電気自動車）	・交通事故の減少 ・渋滞の減少 ・自動車操作が不要	
新たな（研究対象の）システム	新たな車両間通信ネットワーク（を搭載した自動車）	・さまざまな問題の解消 ・持続的な社会の実現	

例1では「望ましくない状態」がすべてのシステムにおいて「快適な生活を送れること」として一貫しており，その実現のために自動車というシステムが「望ましくない状態」を各段階で除去しながら進化していることがわかる．「望ましい状態」は「快適な生活（を送れる）」「スムーズな交通の流れ」「誤作動による交通事故の発生リスクの低減」と言葉は異なってはいるが，いずれも快適な生活を意味していることは容易に想像できるだろう．「従来のシステム」である「自動車」が「自動運転システムの自動車」，さらには「車両間通信ネットワークを搭載した自動運転システムの自動車」と変革するのに伴って「望ましくない状態」も変革している．

一方例2では，各段階のシステムの「望ましい状態」に一貫性がなく，結果，自動車というシステムに何を求めているのかがまったくわからない．「望ましくない状態」に関しても交通事故，日常的な渋滞，大気汚染，交通事故と出てきており，最後は自動車によるさまざまな問題とおおざっぱにまとめられている．また電気自動車や自動車の操作（による手間），持続可能な社会に関する話題が突如現れており，何度読んでもそれぞれの関係性が理解できない．

このように「望ましい状態」が統一されていないアウトラインは，それぞれの関係性が不明慮になり，研究を通じて解決しようとしている問題が伝わりにくい．したがってわかりやすい説明のためには，「従来のシステム」「研究対象のシステム」「新たな（研究対象の）システム」に共通して求められる「望ましい状態」と，各システムの段階で発生する「望ましくない状態」を明確にし，それ以外の，余分な情報は極力そぎ落としてシンプルにすることが大切だ．

「望ましい状態」を研究によるシステム変遷を通じて統一するには，「望ましい状態」は置かれた人の立場，環境によって決定される各個人の主観であるので，書き手が強い意思をもって決定しなければならない．大切なことはシステム変遷全体で「研究対象のシステム」による「望ましい状態」を一貫させ，そのシステムの存在意義について，あなたがどのように捉えているのかを明確にすることである．

アウトライン作成の実践

以上を踏まえ，あなた自身の研究のアウトラインを構築するために，先のアウトラインの例で情報整理に用いた表に，自分自身の研究内容をあてはめていこう．このとき，論文のまとめ方（パターン1，2）によって，情報を決定していく効率的な順序が異なる．

パターン1で論文をまとめるとき，まず，研究対象のシステムを定める（表の②）．続いて，「従来のシステム」は何かをイメージ（①）したうえで，それらに共通する「望ましい状態」を考える（④）．よりシンプルにするために，三つのシステムの「望ましい状態」は統一の表現にしておこう．そして，「研究対象のシステム」により解消されることが期待される「従来のシステム」の「望ましくない状態」（⑤），研究を通じて解消しようとしている「研究対象のシステム」の「望ましくない状態」（⑥）を整理していく．この場合，研究の性質上，③と⑦はまだ考えられる状態ではないが，考えられたとしてもアイデアの域は出ないだろう．

◆アウトラインをつくるときの情報整理

	システム	望ましい状態	望ましくない状態
従来のシステム	①		⑤
研究対象のシステム	②	④	⑥
新たな（研究対象の）システム	③		⑦

パターン２で論文をまとめるときは，先に新たな（研究対象の）システムを定める（③）．そのうえで，現在改良を加えようとしている「研究対象のシステム」をイメージし（②），現在普及している「従来のシステム」を考える（①）．このとき，システムの変遷として自然な流れを意識する．そのうえで，これらのシステムに共通する「望ましい状態」を決定し（④），「研究対象のシステム」により解消された「従来のシステム」の「望ましくない状態」（⑤），「新たな（研究対象）のシステム」により解消しようとしている「研究対象のシステム」による「望ましくない状態」（⑥）を設定していく．パターン２で論文を書こうとするとき，①～⑦のセルはある程度具体的に埋まるはずである．

論文を書き始める前にここで紹介したまとめ方を決めてアウトラインをつくろう．これがあなたの論文のストーリーの方向性を固めることができる．執筆中に「迷子」になりそうなとき，なってしまったときは，研究の目的，つまり自分の研究がどのような問題を解決しようとしていたのかを思い返して，何を論文に書くべきかを，もう一度落ち着いて考えてみよう．

TRIZと英語論文

TRIZ（発明的問題　解決手法）という言葉を聞いたことがあるだろうか．これは20世紀半ばソビエト連邦の特許審議官であったアルトシューラーが中心となって200万件を超える技術関連特許を分析して開発した，発明を行うための思考プロセスの理論である．近年日本でも注目されつつある．

TRIZは，特許を取得した発明は，例外なく技術的矛盾（ある手段で一つのパラメータを改善しようとして，別のパラメータが悪化すること）を妥協なく解決していると結論づけている．

たとえば自動車の燃費を向上させる方法として，板厚を下げて軽量化することが考えられるが，これでは衝突した際の安全性が失われる．安全性が確保される範囲内で板厚を下げる方法もあるが，これはある意味妥協した解決策である．そこで燃費の向上と高強度を同時に実現できる新規的な材料を用いれば，それは妥協のない解決策と言えるだろう．

研究の多くが，後者のような解決策の提案を目指しているはずだ．TRIZの技術的矛盾の定義は研究計画においても多いに参考になるだろう．

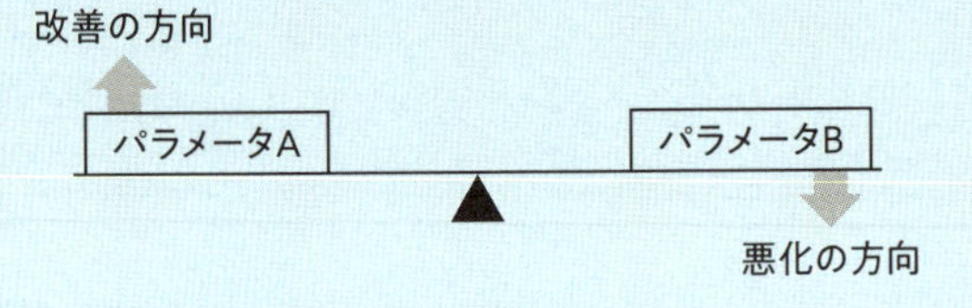

英語論文は，理工系分野の研究成果をまとめたもので，ある意味，特許に通ずる部分もある．したがって，TRIZが提案する問題定義の考え方は，研究や英語論文執筆の情報整理にも応用できるはずだ．そこで本書ではTRIZの理論を英語論文執筆に当てはめ，研究に必要な情報を「研究対象のシステム」，「望ましい状態」，「望ましくない状態」に基づいて整理することにした．興味のある人はTRIZについても調べてみるとよいだろう．

（参考図書）

・高木芳徳，2014，『トリーズ（TRIZ）の発明原理40 あらゆる問題解決に使える［科学的］思考支援ツール』，ディスカヴァー・トゥエンティワン
・産業能率大学 CPM TRIZ研究会，2003，『TRIZの理論とその展開ーシステマティック・イノベーション』，産能大出版部

chapter 4

盛り込む情報を洗い出す

LESSON 01

英語論文に必要な情報

英語論文のための情報棚卸し

ここまでで英語論文のアウトラインが書けたことだろう．しかしアウトラインだけでは，数千語にもなる論文は書けない．先にも述べたように，英語論文は情報を整理，取捨選択して，適切な順に並べなければいけないからだ．そこで本章では，論文に盛り込むべき情報をさらに詳しく“棚卸し”して，必要なエッセンスを整理，選択していく手順を紹介していく．

ここでは研究の情報を棚卸しをするために，まず巻頭にある質問集に答えてもらいたい．質問は大きく以下の三つのグループに分類されている．

◆研究の情報棚卸しのための三つの質問グループ

質問グループ 1　研究の背景に関する質問

▼

質問グループ 2　問題の詳細に関する質問

▼

質問グループ 3　研究の内容に関する質問（パターン1，パターン2）

三つの質問グループとそれぞれの役割

グループ1の質問は chapter3 でアウトラインをつくったときの内容の復習だ．「研究対象のシステム」「望ましい状態」「望ましくない状態」は研究の背景そのものを表し，英語論文だけでなく，研究全体にかかわる重要な情報なので，ここでもう一度整理してほしい．これらの情報は，とくにアブストラクトと序論に盛り込まれる．読者にあなたが研究を通じて解決しようとしている問題を確実に伝え，興味をもってもらうために必要不可欠な内容である．

グループ2の質問は「問題」の詳細に関する質問で,「研究対象のシステム」についてさらに掘り下げていく.これらの情報もアブストラクトと序論においてグループ1で設定した問題をどのように解決していくのかを明確にするものである.

グループ3の質問は,研究の内容に切り込んでいく内容である.これらは,英語論文のなかでも,おもに方法,結果,考察のセクションを書くときに骨子となるものである.これについては,論文のまとめ方によって必要な情報が変わるので,パターン1とパターン2に対応した質問をそれぞれ作成した.

「研究対象のシステム」の捉え方が研究の位置づけを決める

研究とは,世の中に存在するあらゆるモノ,コトから,興味のある「研究対象のシステム」を抽出・定義し,それを構成する主要な「パーツや要素」とそれらによる相互の「作用」を詳細に観察することであると捉えることができる.興味の対象は人によって異なるから,それをほかの人にわかってもらいたいならその研究では何を扱い,どこに焦点をあてているのかを明確にすることが重要だ.これがあなたの研究の位置づけを決定するものであり,情報整理においても大変重要なものになる.

あなたの「研究対象のシステム」は,また,ほかのシステムの構成要素にもなっているはずだ.電気自動車の例で言えば,交通システムの研究者にとって,電気自動車は一つのパーツにすぎないだろう.またバッテリーはその電気自動車のもっとも重要なパーツであるが,ほかの研究者にとってはそれを構成する原子や分子がさらに重要なパーツかもしれない.

このように世の中に存在するあらゆるモノ,コト(たとえば宇宙,銀河,太陽系,地球,月,国,都市,人間,そして,コンピュータネットワーク,分子,原子)はシステムであると同時に,「パーツ」や「要素」として別のシステムを構成している.グループ2の答えは,あなたが何を問題と捉えているのか,その本質を具体的にし,研究の位置づけをより明確にするはずだ.

LESSON 02

グループ２の質問で「研究対象のシステム」の情報を整理する

「研究対象のシステム」を分解する

chapter3 および質問グループ１で出てきた,「研究対象のシステム」について,質問グループ２を通じて掘り下げていこう.

「研究対象のシステム」をさらに詳しくみていくと，いくつかのパーツや要素に分けられるはずだ．たとえば前出の「電気自動車」には,「アクセルペダル」,それが制御する「モータ」，その動力源となる「バッテリー」，モータが駆動させる「タイヤ」，そしてアクセルペダルを踏む「ドライバー（人）」がパーツとして考えられる．ある病気に効果を示す医薬品Xであれば，Xのなかには「有効成分 A」と「有効成分 B」など，複数の成分が含まれているだろうし，人の体内には，その病気によって傷ついた細胞 aやその細胞でつくられた物質 bなどがあるだろう．そしてこれらが互いに「作用」することで，「望ましい状態」や「望ましくない状態」が発生していると理解することができる．

◆研究対象のシステムのパーツや要素とそのパラメータ，相互関係を洗い出す

〈電気自動車〉

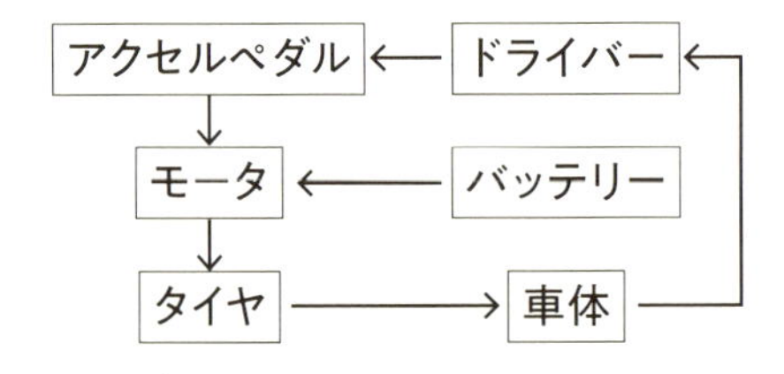

〈医薬品X〉

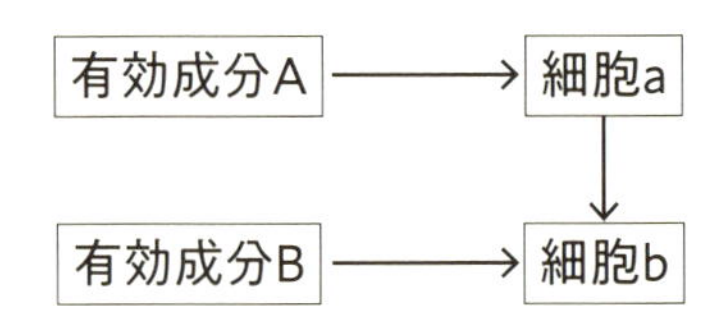

これらの「研究対象のシステム」を構成するパーツや要素にはその作用に関連したパラメータがあるはずだ．たとえば，「電気自動車」の例では「アクセルペダル」は「ペダルの角度」，「モータ」は「回転数」がそれらの作用の強さをはかるパラメータと言えるだろう．「医薬品X」の例では「有効成分A」「有効成分B」は「濃度」，「細胞a」は「細胞数」がそれぞれパラメータとなりそうだ．ここで，パラメータは一つとは限らず，また研究者によって異なることもあるので注意しよう．

さらに，パーツや要素が相互に作用している場合，これらのパラメータは互いに関係しているはずだ．たとえば「ペダルの角度」と「回転数」にはおそらく相関関係があるだろう．この二つのパラメータの関係性がわかれば，「アクセルペダル」がどのように「モータ」に「作用」するのかが理解できるはずだ．

このように「研究対象のシステム」をパーツや要素に分解し，それらの相互作用とそれらによるパラメータの変化をみていくと，その「望ましい状態」や「望ましくない状態」がどのように発生しているのかが具体的に説明される．

次の例でパーツや要素とパラメータ，それらの作用の具体例をみていこう．

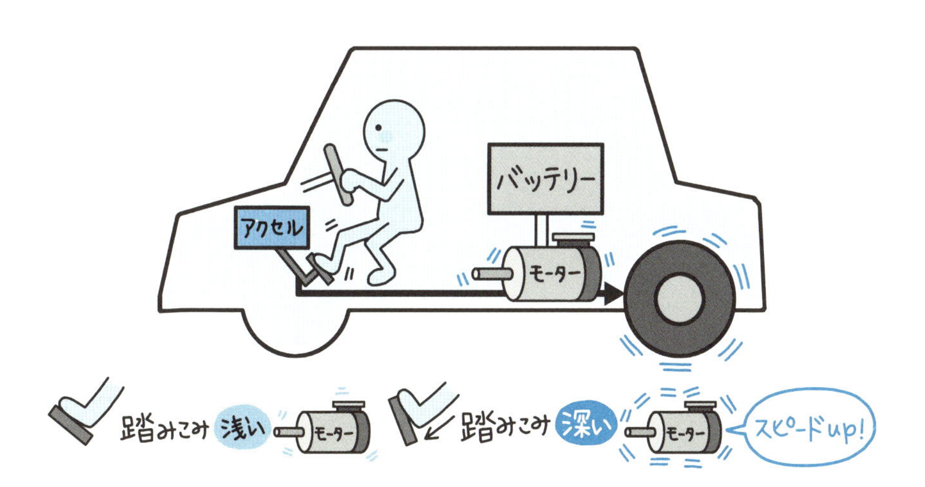

カップにコーヒーを注ぐと温度が変化する．

温かいコーヒーをカップに注げば，カップの温度は上昇する．また，カップの温度が低ければ，コーヒーは冷める．これは，「カップ」と「コーヒー」が互いに「作用」しているからである．

パーツや要素	パラメータ	作用
カップ	温度	コーヒーや周りの空気の温度を変化させる
コーヒー	温度	カップや周りの空気の温度を変化させる
まわりの空気	温度	カップやコーヒーの温度を変化させる

手の上にボールが乗っている．

手の位置を動かすと，ボールの位置も動く．これは「手」が「ボール」に「作用」していると言える．

パーツや要素	パラメータ	作用
手	位置	ボールを止める
ボール	位置	手を押す

防災警告システムが，緊急時に警告音を発して危険を知らせる．

防災警告システムは，警告音を発して人に緊急時を知らせるが，これは防災警告システムが人に「作用」していると言える．そして，このときのパラメータには，警告システムの音量などが考えられ，この変化によって人が感じる危機感というパラメータが変化すると考えられる．このようにパラメータは数値的なものだけでなく，抽象的なもの，感情的なものである場合もある．アンケートはこのような抽象的なパラメータを調査するための手法であると理解することもできる．

パーツや要素	パラメータ	作用
防災警告システム	警告音の音量	人に危険を知らせる
人	危機感	とくになし

もっとも重要なパーツや要素について掘り下げる

ただし，これらの「研究対象のシステム」を構成するパーツや要素のすべてが同じようにその「望ましい状態」「望ましくない状態」にかかわっているわけではない．直接かかわるものもあれば，間接的にかかわるものもあるし，実はあまり関係ないものもある．

研究活動では「望ましくない状態」の発生にもっとも重要なパーツや要素に注目しているはずだ．多くの場合，これは，「望ましい状態」にも直接関連している（だから問題になっている）．そこで，それぞれに関連するもっとも重要なパーツや要素と，それらの相互作用，すなわち，問題がどのように発生しているかを詳細に掘り下げる．

たとえば電気自動車の「ある一定の距離以上は走行できない」という問題について考えてみる．電気自動車は「バッテリー」が電力を供給して「モータ」を駆動させることで速く移動する（望ましい状態）．一方，この「モータ」は「バッテリー」に蓄積されている電力を消費する（望ましくない状態）．したがって，この問題においてもっとも重要なパーツは「バッテリー」であると捉えることができる．

論文のなかでは，このもっとも重要なパーツや要素について，明確かつ具体的に説明する必要があり，もちろんその場合，それぞれの状態のパラメータも理解していなくてはならない．たとえば電気自動車のバッテリーのパラメータは漠然と消費電力と考えられるが，このパラメータをさらに具体的に考えておくとよい．ここでは，望ましい状態にかかわるパラメータを（単位時間あたりの）消費電力，望ましくない状態のパラメータを（一定時間駆動後の）バッテリー残量と考えておくとよいだろう．パーツどうしの作用はそれらのパラメータの変化をもたらし，その結果「望ましい状態」，「望ましくない状態」が発生すると理解できる．

◆研究対象のシステムにはさらに小さいパーツや要素とパラメータがある

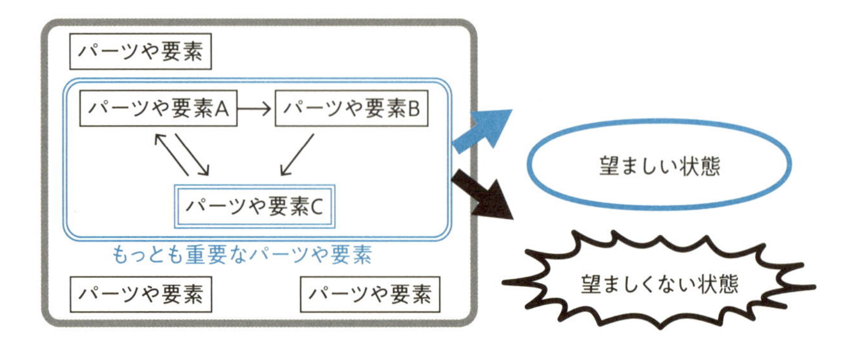

パーツや要素を考えるときは，「あなたは何について研究していますか」という質問の答えであった「研究対象のシステム」をさらに掘り下げ，たとえば，「研究対象のシステムのなかの，具体的に何について研究していますか」というような質問の答えを考えてみるのもよい．そのような過程を経て，自分なりにもっとも具体的にしたものが，おそらくこのもっとも重要なパーツや要素ということになるだろう．そこに必要に応じて情報を補いながら整理すれば，必要最低限の情報をまとめられるだろう．読者にとっても，情報があふれているよりも必要最低限の情報が整然と並べられているほうがわかりやすいはずだ．

LESSON 03

グループ3の質問で実験情報を整理する

いよいよ自分の研究内容の説明へ

方法，結果，考察のセクションで，いよいよ自分の研究について具体的に述べることになる．ここで登場するのは，実験装置や実験手順などの「実験システム」と，得られた結果を読み解くための「分析手法」だ．これらはだれが実施しても同じようにならなければいけないので，説明には正確性が求められる．これまでの質問グループとは違った意味で，しっかりと情報を整理し，読みやすく，わかりやすくまとめることが必要だ．これらのセクションでは，無意味に大量の情報を羅列してしまいがちなので，その点にも注意しよう．

グループ3の質問では，二つの研究ストーリーに合わせて，とくに「実験装置」に着目し，その具体的な役割から，全体をまとめていく方法について説明する．

パターン1；発生メカニズムを解明する研究の場合

発生メカニズムを解明することを目的とした研究では，具体的には「望ましくない状態」に関連したもっとも重要なパーツや要素に「作用」して，そのパラメータを変化させる「原因」を特定し，その関係を明らかにすることを目指すことになる．もともと発生メカニズムは不明であるので，この「原因」は，これまでその存在が知られていなかったパーツや要素であるか，もしくはあま

◆パターン1の論文における「実験装置」は「原因」に作用する

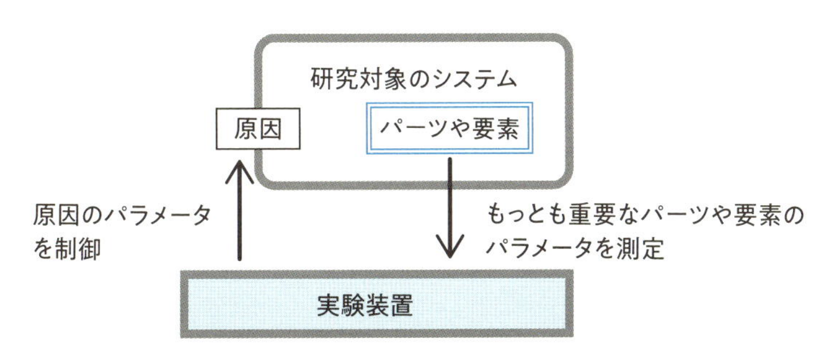

り着目されていなかったパーツや要素ということになる．原因は既存のパーツや要素そのものの内部にあることもあれば，ほかのパーツや要素であることもあるし，まったく別次元のものであることもある．また一つとも限らない．

着目した「原因」とされるパーツや要素にも何らかのパラメータがあるはずである．パターン1の研究での「実験装置」は，そのパラメータを変化させたときの「研究対象のシステム」のパーツや要素のパラメータを直接もしくは間接的に測定することを目的としたものとなる．そして，これにより得られた結果は通常，統計的に処理し，結果のセクションで示したうえで，考察のセクションでこれらの関係を述べることになる．

論文の最後には，「望ましくない状態」を低減もしくは除去する「新たな（研究対象の）システム」を提案できることが望まれる．そこでもし可能ならば，研究を通じて得られた知見から，「望ましくない状態」を低減するためのアイデアを具体的に挙げる．また，解明できなかったことがあれば，それも今後の課題とする．

電気自動車の例で具体的に考えてみよう．たとえば「望ましくない状態」となっている一充電走行距離（の短さ）にかかわる「バッテリー」について，その電解溶液に含まれる特定の不純物が一定時間駆動後のバッテリー残量に影響を与えていると考えたとする．この場合の「バッテリー」のパラメータは「バッテリー残量」，その「原因」は「不純物」で，パラメータはその「溶液中に存在する量」ということになるだろう．これを示すための「実験装置」は，たとえば異なる量の不純物を含む電解溶液を用いて複数のバッテリーをつくり，一定駆動時間後のバッテリー残量を測定する装置などが考えられる．また試験結果の信頼性を確保するために試験を複数回実施し，その平均と分散から結果を評価するといったことも行うだろう．

電解溶液に含まれる特定の不純物が，一定時間駆動後のバッテリー残量に影響を与えていることが明らかになれば，バッテリーに不純物を含まない電解溶液を用いる，不純物の作用を無効にする別の物質を添加するなどの改良をした「新たな（研究対象の）システム」として提案できるだろう．

パターン２；「新たな（研究対象の）システム」の開発と実証の場合

すでに「望ましくない状態」を発生させるメカニズムが明らかになっているという立場をとる場合は，「新たな（研究対象の）システム」を提案することになるだろう．パターン２の研究では，その有効性を検証し，「望ましくない状態」が除去あるいは軽減できることを示す．具体的には「望ましくない状態」に関連するもっとも重要なパーツや要素を改良したり，置き換えたりして，そのパラメータの変化が改善していることを示すことになるだろう．このとき前提となるのは，「望ましい状態」が「従来のシステム」と同等に維持されていることである．

このときの「実験装置」は，「新しい（研究対象の）システム」の効果を測定するための装置であるはずだ．「研究対象のシステム」において改良を施したり置き換えたりしたパーツや要素を制御し，そのときのパラメータを測定して，「望ましくない状態」の変化との関連性を測定するものになる．パーツや要素をどのように改良したり，置き換えたりしたのか，それらのパラメータの制御や測定はどのように行ったのかなど，細かく説明する必要がある．得られた結果の統計学的な処理についても説明する．

ここで発生する「新たな望ましくない状態」は今後の課題として挙げる．可能であれば解決の可能性について言及しよう．

先ほどの電気自動車の例では，バッテリーの電解溶液に含まれる特定の不純物と一充電走行距離に関連があることがわかった．これで，「望ましくない状態」の発生メカニズムが明らかにされたと判断したとして，それを踏まえて，特定の不純物を除去するという改善を施した「バッテリー」を提案することにしよう．この場合，「実験装置」としてこの新しいバッテリーを制作し，一定時間

◆パターン２の論文の「実験装置」は「新しい（研究対象の）システム」の効果を測る

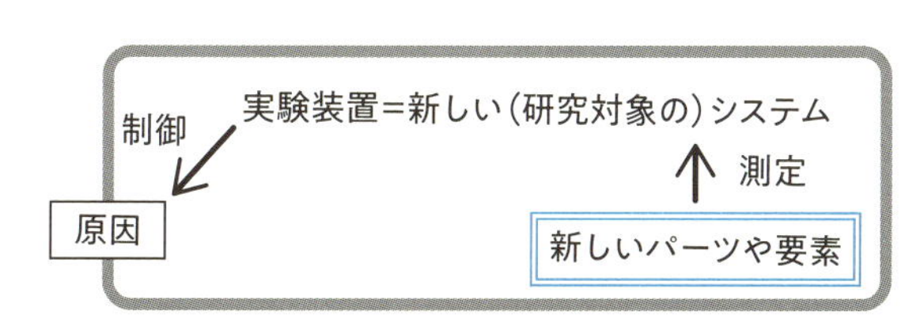

走行させたあと，走行距離とバッテリー残量を計測し，従来品と比較するなどの検証が考えられる．ここでも試験結果の信頼性を確保するために，試験を複数回実施し，平均と分散などから評価することになるだろう．

しかし，たとえばここで，新しいバッテリーの価格が従来の5倍になる，生産効率が下がるなどの新たな「望ましくない状態」が明らかになることもあるだろう．そのような場合はそれらを今後の課題として明示しておこう．

どこで研究を区切るか

英語論文を執筆することになったものの,「もうちょっと実験をすればより強固なデータが得られるかもしれない」と思う人もいるかもしれない．もちろん自分が納得するまで徹底的に研究に取り組む態度はすばらしい．しかし，論文を発表しなければ研究の成果は認められないし，論文発表を先送りしているうちに，ほかの研究者に先を越されてしまうこともある．そうなれば発表の機会を失ってしまうかもしれない．それに，論文を発表することで得られる読者や査読者からの新しい視点や気づきを失っている可能性も忘れてはならない．

前節でも述べたように，そもそも研究に終わりはない．したがって，これらの機会を失わないためには，どこかで区切りをつけて論文執筆に取りかからなければならないという視点も必要だ．仮に実験を続けるにしても，よほどのことがない限り，論文の大幅な修正は生じないはずだ．はじめての英語論文の執筆には，かなりの時間と労力がかかるので，執筆が決まった段階で手元にある成果で論文に取り組む覚悟が必要だ．

LESSON 04

英語論文に必要な情報を揃える

質問集に回答して，英語論文の部品を揃える

ここまでの，グループ1，2，3の質問に対する回答が，英語論文に必要な情報のエッセンスとなる．自分自身の研究について，これらの情報を明示できれば，この内容を客観的に深く掘り下げて伝えることができるはずだ．まずは自分の研究について，これらの質問への回答集をつくってみてもらいたい．すべての質問に答えることで英語論文に必要な情報をもれなく抽出できるはずだ．順番通りに答えなくてもよいし，質問の答えが重複しても構わない．もしどうしても質問の回答が思い浮かばない場合は，まずは先輩や先生の書いた論文を中心に文献調査を行い，その答えを考えてみよう．それでもわからなければ，先輩や先生に相談しよう．それでも，明確な答えがもらえないこともある．あくまで答えを見つけるのは自分であり．周囲の助けを得ながら，自分が主体となり論文を構築していくのだという覚悟で取り組もう．

はじめて英語論文を書こうとしている人は，どのように質問に答えればよいのか，悩んでしまうことがあるかもしれない．そこで，ここからは質問集の回答例を，研究のパターンごとに示す．答えに悩んだとき，どんなことを書けばいいかわからないときに参考にしてほしい．これらの例は chapter 6 での英語論文執筆の実践でも使用する．

質問集への回答例；パターン 1

研究概要；オイルミストによる耐熱性硬質樹脂の破壊への影響に関する研究

通常は金属でつくられる機械部品を，コスト削減と軽量化のため，近年新たに開発された特殊な樹脂（耐熱性硬質樹脂）に代替させることを目指している．しかし耐熱性硬質樹脂製の機械部品は，使用中に突然，想定外の破壊が発生することがあり，高い信頼性の求められる重要な部位には用いることができない．これまでの報告によると，破壊は工作機械などの潤滑油を用いた機械が設置されている工場で起きていることが多い．そこでオイルミストの粒径とその温度による耐熱性硬質樹脂の強度への影響に着目して調査を行った．その結果，高温

で粒径が小さいオイルミストにおいて，強度の低下を観測し，オイルミストの粒径と温度が想定外の破壊の原因となっていた可能性があることがわかった．

グループ 1：研究の背景に関する質問

質問 1： あなたの研究対象，つまり「研究対象のシステム」は何ですか．

耐熱性硬質樹脂製の機械部品．

質問 2：「研究対象のシステム」から得られる「望ましい状態」は何ですか．

機械製品の正常な動作．

質問 3：「望ましい状態」が望ましいとされている理由を説明してください．

機械製品の正常な動作は生活のさまざまな場面でなくてはならない存在となっている．

質問 4：「研究対象のシステム」から発生している「望ましくない状態」，つまり「問題」は何ですか．

設計上では想定されていない破壊による機械製品の故障．

質問 5：「望ましくない状態」が望ましくないとされている理由を説明してください．

機械製品として期待されている当然の要求を満たすことができない．

質問 6：「研究対象のシステム」の前に普及しているシステム，つまり，「従来のシステム」は何ですか．

鉄，アルミなどの金属製の機械部品．

質問 7：「従来のシステム」から発生する「望ましくない状態」は何ですか．

比重が高く，加工が難しい．

質問 8：「従来のシステム」の「望ましくない状態」はなぜ望ましくないのでしょうか．簡単に理由を説明してください．

機械製品の軽量化，コスト削減の妨げとなる．

質問 9： あなたが提案する「新たな（研究対象の）システム」は何ですか．あれば答えましょう．

耐熱性硬質樹脂製の部品はオイルミストが発生する環境で使用される可能性のある機械には使用しない．

質問10：「新たな（研究対象の）システム」の「望ましくない状態」は何ですか．あれば答えましょう．

製品の使用環境が限定される．

グループ2：問題の詳細に関する質問

質問11：あなたの「研究対象のシステム」において，その作用や機能にかかわるパーツや要素を挙げましょう．

耐熱性硬質樹脂，ほかの部品，潤滑油，空気，使用環境．

質問12：上で挙げたパーツや要素の作用や機能をはかるためのパラメータを挙げましょう．また，それらはどのパーツや要素に作用しますか．相互関係を簡潔に説明しましょう．

[パラメータ]

実際の強度，内部ひずみや傷の有無などの形状にかかわるもの，劣化の度合い，劣化に影響を与える化学物質，温度．

[相互関係]

・ほかの部品が耐熱性硬質樹脂の部品に傷をつけて強度に影響を与える．
・成形時の内部ひずみの有無が強度に影響を与える．
・空気に含まれる化学物質が耐熱性硬化樹脂を劣化させて強度に影響を与える．
・潤滑油が耐熱性硬質樹脂を劣化させて強度に影響を与える．

質問13：上で挙げたパーツや要素のうち「望ましくない状態」にもっともかかわるものはどれですか．また，それらのパラメータのあいだにはどのような関係が成り立つか，できるだけ簡潔に説明しましょう．

実際の強度．耐熱性硬質樹脂の強度の不足によって機械部品の破壊が起こる．

質問 14：「望ましくない状態」のパラメータの変化のメカニズムについて，わかっていることを説明してください．具体的には何が原因でどのように変化しますか．

工場で使用されている製品の故障が度々報告されており，使用環境が強度に影響を与えている可能性が指摘されている．

質問 15：質問 13 で挙げたパーツや要素は，その「望ましい状態」とどのようにかかわっていますか．また，それ以外に「望ましい状態」にもっともかかわるパーツや要素があればそれを示し，その関係を表しましょう．

設計上の強度が機械製品の正常な動作をもたらし，金属製機械部品の代替としても使用可能である．そのために，耐熱性硬質樹脂の高い強度が重要．

グループ 3（パターン 1）：研究の内容に関する質問

質問 16：「望ましくない状態」にもっともかかわるパーツや要素に影響を与えると考えている「原因」は何ですか．

潤滑油によるオイルミスト．

質問 17：その「原因」に着目した理由は何ですか．

工作機械などの潤滑油を用いた機械が設置されている工場での破壊に関する報告が目立っている．

質問 18：その「原因」のパラメータは何ですか．注目した理由も答えましょう．

オイルミスト粒径，温度条件．報告されている事例の部品の近辺では，高速な回転運動を行う機械が設置されていることが多いため，小さな粒形をもつオイルミストが破壊の原因になっている可能性があると考えた．また，破壊が起きた現場は気温が高く，そのようなオイルミストに晒されることによる影響も調査する必要があると考えたため．

質問 19：その「原因」のパラメータはどのように制御しましたか．

潤滑油を付着させた高温のプロペラを回転させることによりオイルミ

ストを発生させた．このプロペラの回転数によりオイルミストの粒径を調整し，1μm，3μm，10μm，30μmの四種類を準備した．また，温度条件はヒーターにより，10℃，20℃，30℃，40℃に調整した．

質問 20：そのパラメータを変化させたときの，「望ましくない状態」にもっともかかわるパーツや要素のパラメータはどのように測定しましたか．

各粒径，気温の雰囲気に 20 日放置した後，引張試験により強度を測定した．

質問 21：測定は，どのような手順で何回行いましたか．

10 個の試験片を各条件において試験した．

質問 22：測定結果はどのように処理しましたか．用いた統計手法を説明してください．

各条件において測定した強度の平均と分散を算出した．

質問 23：「原因」のパラメータと，「望ましくない状態」にもっともかかわるパーツや要素のパラメータにはどのような関係がありましたか．

30℃，40℃，ミスト粒径 1μm，3μmの雰囲気中に放置されたサンプルのなかに，強度低下が観察されたものが存在した．

質問 24：その理由がわかっていれば説明しましょう．推察でも構いません．

成型時に発生した内部ひずみが存在する箇所に，オイルミストが付着浸透し耐熱性硬化樹脂を劣化させる．すると，劣化した個所はクラックの起点となりやすく，強度の低下につながると考えられる．

質問 25：「望ましくない状態」を除去あるいは軽減するために，どのような「新たな（研究対象の）システム」が提案できそうですか．

耐熱性硬質樹脂製の部品はオイルミストが発生する環境で使用される可能性のある機械には使用しない．

ch.
4

質問集への回答例；パターン２

研究概要；協調した小型無人機のための新規的な制御ユニットの開発

複数の小型無人機（ドローン）を協調させることにより，一般的には飛行機やヘリコプターを用いて行う立体地図の作成や災害時の救助活動など，高度な作業に従事させようとしている．しかし，協調作業がある一定時間を超えると，バッテリー残量のばらつきにより，小型無人機の動作の差異が発生する．これを手動で調整するには高度な技術が必要とされ，オペレータへの負荷も高い．そこで機械学習を用いて，複数のドローンによる自立した協調作業の分担を実現した新たな制御ユニットを開発し，検証することにした．その結果，新たな制御ユニットを導入すれば，一定時間経過後のバッテリー残量のばらつきが低減されることが示された．

グループ１：研究の背景に関する質問

質問１：あなたの研究対象，つまり「研究対象のシステム」は何ですか．

協調した複数の小型無人機（ドローン）．

質問２：「研究対象のシステム」から得られる「望ましい状態」は何ですか．

立体地図の作成や災害時の救助活動などの高度な作業を行うことができる．

質問３：「望ましい状態」が望ましいとされている理由を説明してください．

詳細な地図や災害時の救助活動は重要である．

質問４：「研究対象のシステム」から発生している「望ましくない状態」，つまり「問題」は何ですか．

ある一定時間が経過すると各無人機のバッテリー残量に顕著なばらつきが生じる．

質問５：「望ましくない状態」が望ましくないとされている理由を説明してください．

バッテリー残量のばらつきにより発生する動作の差異の調整には高度な技術が必要となる．また，オペレータへの負荷も高い．

質問６：「研究対象のシステム」の前に普及しているシステム，つまり，「従来のシステム」は何ですか．

飛行機やヘリコプターによる作業．

質問７：「従来のシステム」から発生する「望ましくない状態」は何ですか．

飛行機やヘリコプターは，小型無人機に比べエネルギーを消費する．またパイロットによる操縦が必要であり，災害時の救助活動においては危険を伴うこともある．

質問８：「従来のシステム」の「望ましくない状態」はなぜ望ましくないのでしょうか．簡単に理由を説明してください．

飛行機やヘリコプターの使用にはコストがかかる．また，災害時の救助活動においてパイロットの安全も確保されるべきである．

質問９：あなたが提案する「新たな（研究対象の）システム」は何ですか．あれば答えましょう．

機械学習を用いて，複数のドローンによる自立した協調作業の分担を実現した新たな制御ユニット．

質問10：「新たな（研究対象の）システム」の「望ましくない状態」は何ですか．あれば答えましょう．

単純な協調作業の繰り返しには対応できるが，複雑で多様な作業に柔軟に対応することはできない．

グループ２：問題の詳細に関する質問

質問11：あなたの「研究対象のシステム」において，その作用や機能にかかわるパーツや要素を挙げましょう．

複数の小型無人機の協調のための制御ユニット，ドローン本体，バッテリー，オペレータ，パソコン．

質問12：上で挙げたパーツや要素の作用や機能をはかるためのパラメータを挙げましょう．また，それらはどのパーツや要素に作用しますか．相互関係を簡潔に説明しましょう．

ch. 4

［パラメータ］

複数の小型無人機の協調のための制御ユニット，作業量のばらつき，ドローンの位置，バッテリー残量，オペレータの疲労度．

［相互関係］

・ドローンの作業量がばらつくと，バッテリー残量のばらつきも大きくなる．

・バッテリー残量のばらつきが大きくなると，ドローンの位置のずれが大きくなる．

・オペレータは位置のずれをパソコンにより直接補正するが，操作性が悪く，その際に疲労度が増す．

質問 13：上で挙げたパーツや要素のうち「望ましくない状態」にもっともかかわるものはどれですか．また，それらのパラメータのあいだにはどのような関係が成り立つか，できるだけ簡潔に説明しましょう．

各小型無人機の　作業動作のばらつきによって，バッテリー残量のばらつきが生じる．

質問 14：「望ましくない状態」のパラメータの変化のメカニズムについて，わかっていることを説明してください．具体的には何が原因でどのように変化しますか．

各小型無人機の作業動作のばらつきが大きくなると，一定時間経過後のバッテリー残量のばらつきが顕著になる．また，複数の小型無人機によりある協調作業を行う場合，各無人機による動作は同一の内容ではなく，異なっている．

質問 15：質問 13 で挙げたパーツや要素は，その「望ましい状態」とどのようにかかわっていますか．また，それ以外に「望ましい状態」にもっともかかわるパーツや要素があればそれを示し，その関係を表しましょう．

複数の小型無人機を制御する信号が，小型無人機のモータを制御し，協調作業が実行される．

グループ3（パターン2）：研究の内容に関する質問

質問26：あなたが提案する「新たな（研究対象の）システム」はどのようなものですか.

機械学習を用いて，複数のドローンによる自立した協調作業の分担を実現した新たな制御ユニット.

質問27：具体的に，どのパーツや要素の，何を改良したり，置き換えたりしましたか.

複数の小型無人機のための新たな制御ユニット.

質問28：改良したり，置き換えたりしたパーツや要素が，「望ましくない状態」（のパラメータ）を低減する仕組みについて説明してください.

機械学習により作業を自律分担することで，作業動作のばらつきを低減する.

質問29：もとの「研究対象のシステム」と同等の「望ましい状態」（のパラメータ）を維持するために，改良したり，置き換えたりしたパーツや要素をどのように制御しましたか.

新たな動作ユニットを用いて小型無人機による協調作業を実施し，これまでの動作ユニットによる結果と比較した.

質問30：改良したり，置き換えたりしたパーツや要素による「望ましくない状態」（のパラメータ）への影響はどのように測定しましたか.

無線通信により各小型無人機のバッテリー残量を常時モニタリングした.

質問31：測定は，どのような手順で何回行いましたか.

複数の小型無人機の協調のため制御ユニットを搭載したドローンを用意し，3種類の協調作業をそれぞれ5回ずつ実施した.

質問32：測定結果はどのように処理しましたか．用いた統計手法を説明してください.

バッテリー残量の分散のバッテリー残量に対する比率の，時間による変化を算出した．ある時刻における各ドローンのバッテリー残量の分散を算出し，各ドローンのバッテリー残量の平均と比較した.

平均バッテリー残量に比して分散の値が大きい場合，ばらつきの影響が

ch. 4

顕著になることになる．そこで，バッテリー残量の分散と平均バッテリー残量の比率の時間変化を記録した．

質問 33：改良したり，置き換えたりしたパーツや要素と，「望ましくない状態」（のパラメータ）にはどのような関係がありましたか．

時間とともに各無人機のバッテリー残量のばらつきがなだらかに増加する．

質問 34：改良したり，置き換えたりしたパーツや要素を搭載した「新たな（研究対象の）システム」に，なにか別の「望ましくない状態」がありましたか．

時間がたつとバッテリー残量のばらつきは再び顕著になり，これまでどおり，高度な技術を持ったオペレータの存在が必要となる．

質問 35：その理由もわかっていれば説明しましょう．推察でも構いません．

作業のばらつきによる消費電力のばらつきは改善されたものの，新たな制御ユニットによる協調作業では，各ドローンに搭載されたバッテリー自体の品質が問題となることがわかった．つまり，消費電力や蓄電力のばらつきが最終的にはバッテリー残量のばらつきの原因となる．

これらの質問の答えをもとに，以降に紹介する手順に従い英語論文を執筆していけば，必要な説明が抜けていることによるやり直しのリスクが大幅に軽減するため，完成に向けた最短ルートを歩むことができるはずだ．

chapter 5
英語論文を書いてみよう

LESSON 01

英語論文執筆の最短ルート

英語論文を最短で完成させるための手引き

ここまでの過程で，英語論文のアウトラインと，論文に盛り込むべき情報の棚卸しを行った．英語論文をジグゾーパズルでたとえるなら，これらはいわばピースのようなものだ．パズルのピースが用意できたら，いよいよ組み立て，つまり英語論文執筆に取りかかろう．

英語論文を執筆するとき，どのような順序で書き進めるのがよいだろうか．一見，方法，結果，考察あたりからとりかかるのが書きやすそうだが，実はこのやり方はあまりうまくいかない．それは，多くの場合，英語以前にストーリーがしっかりとつくりこまれていないからだ．これらのセクションは日常的に取り組む研究活動に関することなので書き始めやすい一方で，書きたいこと，書けること，書かなければならないことがごちゃ混ぜになって，不要な情報の羅列となってしまいがちだからだ．そのため，しっかりとした計画なしに，方法や結果，考察から書き進めてしまうと，書き直しを余儀なくされる可能性が高い．

そこで本書では迷子になることを回避するためには，「(1) アブストラクト，結論」「(2) 序論」「(3) 方法，結果，考察」の順序で書き進める方法をお勧めしたい．そうすることで，盛り込む情報の道筋をつけながら効率的に執筆を進めていくことができる．

英語論文執筆の流れ

質問に答える（情報の棚卸し）

これについては，chapter 4 ですでに取り組んでいることを前提として話を進めていく．ここからは実際に執筆に取りかかるところを詳しくみていこう．

まず，英語論文執筆の全体の流れを意識しながら，それぞれのセクションの書き方についてざっと頭に入れておこう．

◆迷子にならないための英語論文執筆手順

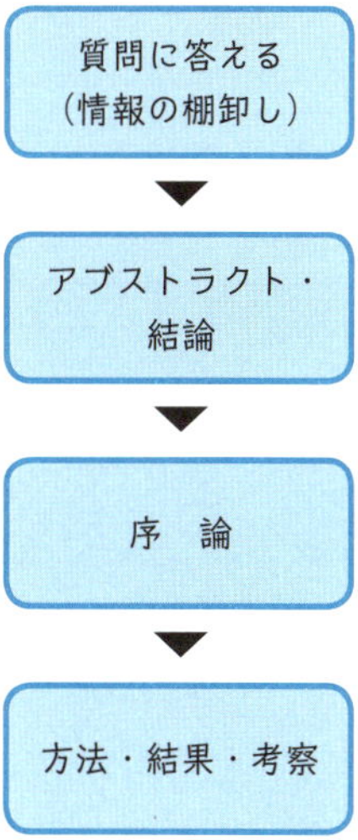

質問に答える（情報の棚卸し）	chapter 4の質問集を使って情報の棚卸しを行う.
▼	
アブストラクト・結論	アブストラクト（Abstract）と結論（Conclusion）を書く.
▼	
序　論	序論（Introduction）を書く.
▼	
方法・結果・考察	方法（Method），結果（Result），考察（Discussion）を書く.

アブストラクト（Abstract），結論（Conclusion）

「研究の情報整理のための質問集」の答えを使って，まずはアブストラクトと結論を作成する．この作業を行うことにより，研究活動における試行錯誤の結果，複雑に絡み合ってしまっている情報を，効率的に解きほぐし，整理する．アブストラクトと結論は論文全体をまとめた内容になるので，先にこれらのセクションの内容を決めておくことで，迷子になることなくスムーズに論文を書き進めていくことができる．また，本論を書き進める前に，関係者とのあいだでこれらのセクションの方向性の合意を取っておくことも重要だ．

パターン1の研究に関する論文は「望ましくない状態」の発生メカニズムを明らかにすることを目的としているため，何が問題で，何を明らかにしなければならないのかを中心に情報をまとめていく．一方パターン2の研究に関する論文は「新たな（研究対象の）システム」の開発により「望ましくない状態」の低減を目的としているため，どのような方法で，現在の問題を解決しようとしているのかをまとめていく．

「研究の情報整理のための質問集」の回答をヒントに，自分なりにアブストラクトと結論を作成してもよいが，本書では回答をそのまま入れることで，機械的に作成できるテンプレートを，パターン1，パターン2のそれぞれに対応して用意したので，活用してほしい．ここでは，あなたの研究成果の中核となる情報が何なのかをしっかり考えながら，取り組んでもらいたい．

序論（Introduction）

序論を作成するには，完成させたアブストラクトのセンテンスをトピックセンテンスとして配置し，サポーティングセンテンス（詳細な説明）を補完していく．完成したら，内容がアブストラクトに対応しているか，再度確認することが大切だ．

方法（Method），結果（Result），考察（Discussion）

アブストラクト，結論，序論を作成したら，ここではじめて，具体的な研究内容である方法，結果，考察に取りかかろう．これらのセクションの内容は，結論の各センテンスに対応するように作成する．序論の作成手順に似ているが，ここでは自分自身の研究の内容の詳細を説明することになるので，サポーティングセンテンスを足していくだけでは不十分だ．サブセクションを設けたり，補足のパラグラフを足したり，図表を追加たりして，読者が内容を正しく理解し，実験を再現できるように工夫することが必要である．これには，研究ノートなどの日常的な研究活動の記録が重要となる．普段から再現性のある実験を行うために何を工夫したかを，自分の言葉で記録しておくとよいだろう．もちろん，論文の執筆前に，実験は少なくとも複数回成功させておかなければならない．

現状を見直し，ときには戻る勇気も大切

次節からは，chapter 4にて示した，タイプ1，タイプ2の質問回答例，「オイルミストによる耐熱性超硬質樹脂の破壊への影響」と，「協調した小型無人機のための新規的な制御ユニットの開発」を活用して，実際に英語論文執筆を進めていく．これらの例を，あなた自身の研究にも照らし合わせながら，英語論文のたたき台を完成させよう．

ここでは，いずれのセクションもまず日本語で作成し，chapter2のリバースエンジニアリングを行う方法をベースにして英訳するという戦略をとってい

る．chapter 1では，「日本語で論文を完成させてから英訳する」という手順に関して否定的な考えを述べたが，これから説明する適切なプロセスを踏めば，わかりやすい英文を無理なくスムーズにつくることができるだろう．主張する内容を日本語でじっくり考えてから英語論文に取りかかるのは，必要最小限の労力で英語論文を完成させるための，合理的な手段になるはずだ．

読者のなかにはすでに英語論文執筆にとりかかったものの，作業の途中で迷子になってしまっている人もいるかもしれない．そのような場合は，無理に書き進めるのをいったん止めて，「質問に答える（情報の棚卸し）」の論文に必要な情報が明確になっているかを一度見直してほしい．また，情報が整理できていない，不安があるという人も，chapter4 に戻って，「質問に答える（情報の棚卸し）」から始めるとよいだろう．まずは，論文のストーリーに足りない情報を洗い出したうえで，本章で紹介する手順に従って作業を進めていくことが，論文完成への最短ルートとなるはずだ．すでに日本語の論文がしっかりと書けている場合など，情報が明確になっている人は，次節以降で説明する「アブストラクト・結論」から再開してもよいだろう．

LESSON 02

アブストラクト(Abstract)の書き方

アブストラクト（Abstract）の書き方の手順

アブストラクトは基本的に一つのパラグラフでできている．ここではアブストラクトの内容を「トピックセンテンス(ここでは研究の目的とも言える)」,「研究の背景」,「問題の詳細」,「研究の内容」の四つのパートに分けて考えることを提案する．最初に研究の目的を簡潔に説明して読者の興味を引き（トピックセンテンス),「研究の背景」,「問題の詳細」であなたが取り組む研究が解決しようとしている問題を,「研究の内容」で研究の方法と結論のエッセンスを述べる．すべての論文のアブストラクトがこれに従っているとは言えないかも知れないが，この四つのパートを確実に押さえることで，アブストラクトに盛り込むべき内容を網羅できるはずだ．

本書では chapter4 の「研究の情報整理のための質問集」の回答をテンプレートにあてはめて，機械的に日本語のアブストラクトを作成し，それをリバースエンジニアリングによって英訳していく方法を紹介する．このプロセスには，アブストラクトに記載すべき情報の取捨選択の意味も含まれている．もちろん，自分なりにアブストラクトを作成してもよいし，日本語を英訳するのではなく，直接英語で書いてもよいが，その場合にも，上記の四つのパートを確実に盛り込むことは必要だ．

前述の通り，アブストラクトは原則一つのパラグラフでできている．そのため，このパラグラフは論文全体の内容を含み，必然的に長くなる．そこで，ここではアブストラクトを,「研究の背景」「問題の詳細」「研究の内容」の各パートのサブパラグラフ（サブパラグラフのトピックセンテンスをサブトピックセンテンスと呼ぶことにする）に分割し，それぞれに対して，chaputer 4 にて紹介した方法を適応することにより，英語化していく手順を示す．

◆アブストラクト作成手順

(0) 質問の答えをあてはめる	テンプレートに chapter4 の質問の答えを挿入し，日本語でアブストラクトを作成する．
(1) 短い日本語に分ける	作成したアブストラクトを短い文章に分ける（サブパラグラフを意識する）．
(2) 英　訳	日本語の文章を英語に訳す．
(3) サブトピックセンテンスをつくる	作成した英文から，サブトピックセンテンスをつくる．
(4) アブストラクトを完成させる	残りの英文から，サポーティングセンテンスをつくり，アブストラクトを完成させる．
(5) センテンスのブラッシュアップ	できた英文にブラッシュアップを施し，より読みやすい英文にする（chapter6 で解説）．

◆アブストラクトは一つのパラグラフ

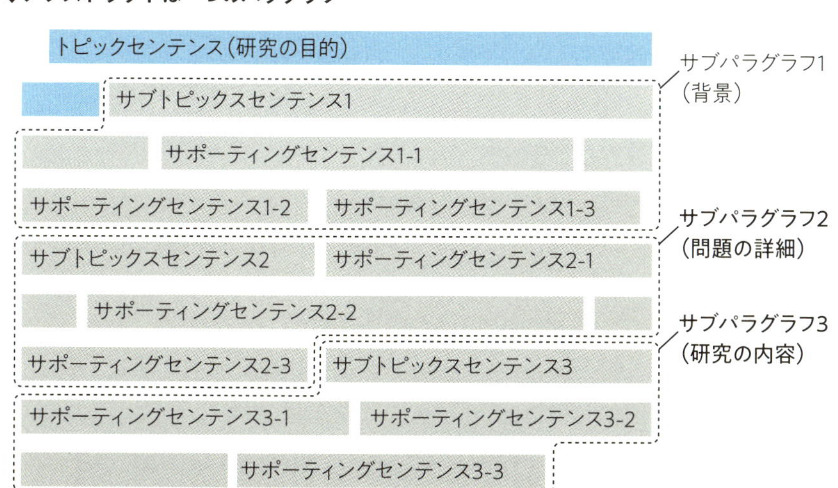

アブストラクト（Abstract）を書く（タイプ1）

アブストラクト（Abstract）のためのテンプレート（タイプ1）

トピックセンテンス（研究の目的）：本稿は<質問1の答え>の問題である<質問4の答え>の発生メカニズムを解明することを目的とする．

研究の背景：現在，<質問2の答え>を得るために，<質問6の答え>が広く用いられている．<質問2の答え>は，<質問3の答え>という理由で必要とされている．しかし，<質問6の答え>からは，<質問7の答え>という問題が発生する．<質問7の答え>は<質問8の答え>という理由で問題とされている．そこで，近年，<質問1の答え>が注目されている．<質問1の答え>は，<質問7の答え>を低減するが，<質問4の答え>を発生する．<質問4の答え>は<質問5の答え>という理由で問題とされている．

問題の詳細：<質問1の答え>から<質問2の答え>が得られるのは，<質問11の答え>が<質問12の答え>の変化を生じ，<質問13の答え>という状況を作り出すことによる．しかし，<質問11の答え>は同時に<質問13の答え>の変化を生じ，<質問14の答え>という状況を作り出すことが<質問4の答え>の原因となっている．これまでの研究により，<質問13の答え>の変化については，<質問14の答え>ということが報告されている．しかし，<質問13の答え>の変化が発生するメカニズムはいまだ十分に解明されていない．

研究の内容：本研究では，<質問16の答え>による<質問11の答え>の<質問13の答え>への影響を調査した．これは，<質問17の答え>という理由による．その結果<質問16の答え>の<質問18の答え>が<質問11の答え>の<質問13の答え>を変化させることにより，<質問4の答え>を発生させていると結論付けた．

このテンプレートと先に示したタイプ1の質問の回答例を使って，さらにリバースエンジニアリングのプロセスでアブストラクトの英文を完成させていく．先に出てきたchapter4の回答例を使って具体的にみていこう．

（0）質問の答えをあてはめる

まずは質問の回答を論文のタイプにしたがって，テンプレートに挿入する．ここではアブストラクトのうち，「研究の背景」を例にとり，具体的に説明する．

> 現在，「機械製品の正常な動作」を得るために，「鉄，アルミ等の金属製の機械部品」が広く用いられている．「機械製品の正常な動作」は，「機械製品の正常な動作は生活のさまざまな場面でなくてはならない存在となっている」という理由で必要とされている．しかし，「鉄，アルミ等の金属製の機械部品」からは，「比重が高く，加工が難しい」という問題が発生する．「比重が高く，加工が難しい」は「機械製品の軽量化，コスト削減の妨げとなる」という理由で問題とされている．そこで，近年，「耐熱性硬質樹脂製の機械部品」が注目されている．「耐熱性硬質樹脂製の機械部品」は，「比重が高く，加工が難しい」を低減するが，「設計上では想定されていない破壊による機械製品の故障」を発生する．「設計上では想定されていない破壊による機械製品の故障」は「機械製品として期待されている当然の要求を満たすことができない．」という理由で問題とされている．

このままでは英訳しにくいので，日本語を整える．

第１文はシンプルに『現在，機械製品には，鉄，アルミ等の金属製の部品が広く用いられている．』と言えるだろう．また，機械がわたしたちの生活で欠かせないことは当然のことであるので，第２文は省略してもよいだろう．第３，４文は，『しかし，金属製の部品は比重が高いうえに加工が難しく，製品の軽量化やコストの削減の妨げとなる．』とする．第５文以降は，『近年，比重が高く，加工が容易な耐熱性硬質樹脂製の機械部品が注目されているが，想定外の破壊が発生し製品の故障の原因となり，信頼性が必要となる機械製品への応用は困難とされている．』と書き直せるだろう．

したがって，アブストラクトの「研究の背景」は次のように書ける．

> 現在，機械製品には，鉄，アルミ等の金属製の部品が広く用いられている．しかし，金属製の部品は比重が高い上に加工が難しく，製品の軽量化やコストの削減の妨げとなる．そこで，近年，比重が高く，加工が容易な耐熱性硬質樹脂製の機械部品が注目されているが，想定外の破壊が発生し製品の故障の原因となり，信頼性が必要

となる機械製品への応用は困難とされている．

(1) 短い日本語に分ける

日本語でアブストラクトが書けたら，chapter 2 で説明したパラグラフ作成手順に則り，リバースエンジニアリングにより英訳していく．ここでも chapter2 と同様，ここでもまずは日本語のアブストラクトを簡潔な情報要素に分割・整理することで日本語の短い文章をつくっていく．前述の例だと，次のようになる．

(a) 現在，機械製品には，部品が用いられている．
(b) その部品の多くは鉄，アルミ等の金属製である．
(c) 金属製の部品には以下の特徴がある．
・比重が高い．
・加工が難しい．
(d) これらの特徴により，以下の製品化に関する問題を発生する．
・軽量化の妨げとなる．
・コストの削減の妨げとなる．
(e) 近年，耐熱性硬質樹脂製の機械部品が注目されている．
(f) 耐熱性硬質樹脂は想定外の破壊が時々発生する．
(g) その破壊は，製品の故障の原因となる．
(h) 製品の故障は信頼性が必要な機械製品への応用を困難にする．

(2) 英訳

アブストラクトを簡潔な情報要素に分割・整理して，日本語の短い文章がつくれたら，それぞれを英訳していく．chapter2 と同様，英語に関しては，この段階で厳密にしなくてよい．

(a) Currently, parts are used for machine products.
(b) Many of the parts are made from metals such as iron and aluminum.
(c) Metal parts have the following features.
· Higher density.

· Processing is difficult.

(d) These features cause problems in the following challenges.

· Weight reduction.

· Cost reduction.

(e) In recent years, mechanical parts made from heat-resistant hard resin have gained attention.

(f) Unexpected failures sometimes occur in the heat-resistant hard resin.

(g) The failure causes product malfunction.

(h) Failure of products makes it difficult to apply to mechanical products that require higher reliability

(3) サブトピックセンテンスをつくる

chapter2 にて紹介した「パラグラフ作成手順」では，トピックセンテンスとなる要素を抽出するという手順を経たが，このテンプレートを使ってアブストラクトを作成した場合は，すでにある程度情報が整理されているため，情報の順序はそれほど気にする必要はないだろう．(2)で作成した情報要素の英訳を，そのままつなぎ合わせれば英文が完成できるはずだ．

(0) でつくった日本語のアブストラクトから判断して，(a) (b) の英文を組み合わせて「研究の背景」のサブトピックセンテンスとしよう．

Currently, many of parts made from metals such as iron and aluminum are used for machine products.

一度アブストラクトを書き上げてしまえば，それを論文の執筆計画書にして序論を中心とした各セクションを書き進めていく事ができる．もちろん，そのような視点で書かれたアブストラクトは，読者にとっても，論文を読み進めるうえでのよいロードマップとなるはずだ．

（4）アブストラクトを完成させる

次に，残った（c）から（h）の英文を組み合わせて，サブトピックセンテンスに続くサポーティングセンテンスを作成する．

> Metal parts have the features of higher density and difficulty in processing. The features cause problems in weight reduction and cost reduction. In recent years, then, mechanical parts made from heat-resistant hard resin have gained attention. Unexpected failures sometimes occur in the heat-resistant hard resin causing product malfunctions. Failure of products makes it difficult to apply to mechanical products that require higher reliability

（5）センテンスのブラッシュアップ

英文のブラッシュアップについては，chapter6 にて詳しく説明するが，できた英文に誤りがないか, 単語（カタカナ語があるときはとくに注意）は適当か, 文章が長すぎないか, あるいは情報をより簡潔にまとめることはできないかを, この段階で見直しておく．

たとえば, 第１センテンスの「many of parts made from metals」は簡潔に「many parts」とできそうだし，In recent years（近年は）は recentlyに置き換えてもよいだろう．また，第２，第３センテンスはどちらも金属製部品の特徴について述べているので，まとめることができるだろう．この文では接続語が抜けているので，so（したがって）や however（しかしながら）を適宜入れるとわかりやすくなりそうだ（詳細は chapter6 参照）．

> Currently, many parts made from metals such as iron and aluminum are used for machine products. The features of metal parts, higher density and difficulty in processing, cause problems in weight and cost reduction. Recently, then, mechanical parts made from heat-resistant hard resin have gained attention. However, unexpected failures sometimes occur in the heat-resistant hard resin causing product malfunctions. So, the failure of products makes it difficult to apply to mechanical products that require higher reliability.

詳細な説明は割愛するが，他の部分も基本的には同様の要領で書ける．以下に，タイプ1のアブストラクトの例を示す（chapter6 のブラッシュアップ後）．ジャーナルや分野によって異なるが，アブストラクトは 200 ～ 300 語程度になっていると，読者は無理なく目を通すことができるだろう．

アブストラクト（Abstract）の例（タイプ 1）

（トピックセンテンス）This paper aims to clarify the mechanism of failures in mechanical parts made from heat-resistant hard resin.（研究の背景）Currently, machine products have many parts made from metals such as iron and aluminum and others. The features of metal parts, higher density and difficulty in processing, cause problems in their weight and cost reduction. Recently, then, mechanical parts made from heat-resistant hard resin with its higher procescing accuracy have gained attention. The mechanical parts, however, cannot be fully applied to mechanical products that require higher reliability because they sometime unexpectedly fail causing product malfunction.（問題の詳細）Heat-resistant hard resin, which has higher strength equivalent to metals, are expected as a replacement for mechanical parts. Previous researches, pointed that the usage environment may deteriorate the strength of the heat-resistant hard resin causing the unexpected failures. However, the detailed mechanism has not been clarified yet.（研究の内容）In this research, we examined how particle sizes of oil mist and its temperatures influence on the strength of the heat-resistant hard resin with respect to the fact that the unexpected failures were often observed near machines, such as machine tools, that use lubricant oils. Then, we observed strength reductions at smaller particle sizes of oil mist and at higher temperatures and so, concluded that the particle sizes of oil mist and its temperature may be factors that have caused the unexpected failures.

本稿は，耐熱性硬質樹脂製の機械部品の破壊の発生メカニズムを解明することを目的としている．現在，機械製品には，鉄，アルミなどの金属製の部品が広く用いられている．金属製の部品は比重が高いうえ，加工が難しく，製品の軽量化や

ch. 5

コストの削減の妨げとなっている．そこで近年，耐熱性超硬質樹脂は金属と同等の高い強度をもち，高い精度の加工が可能なことから，耐熱性硬質樹脂製の機械部品が注目されている．しかし，想定外の破壊が製品故障を引き起こし，信頼性が必要な機械製品への応用は困難とされている．これまでの研究で，使用環境が耐熱性超硬質樹脂の強度の低下がその想定外の破壊の原因となっている可能性が指摘されている．しかし，その詳細のメカニズムは未だ解明されていない．本研究では，工作機械など，潤滑油を用いた機械が設置されている工場での破壊に関する報告が目立っていることに着目し，オイルミストの粒径とその温度による耐熱性超硬質樹脂の強度への影響を調査した．その結果，高温で粒径が小さいオイルミストにおいて，強度の低下を観測し，オイルミストの粒径と温度が想定外の破壊の原因となっていた可能性があると結論付けた．

アブストラクト（Abstract）を書く（タイプ2）

アブストラクト（Abstract）のためのテンプレート（タイプ2）

トピックセンテンス：本稿は<質問1の答え>による<質問4の答え>という問題を低減する<質問25の答え>の効果を検証することを目的とする．

研究の背景：現在，<質問2の答え>を得るために，<質問6の答え>が広く用いられている．<質問2の答え>は，<質問3の答え>という理由で必要とされている．しかし，<質問6の答え>からは，<質問7の答え>という問題が発生する．<質問7の答え>は<質問8の答え>という理由で問題とされている．そこで，近年，<質問1の答え>が注目されている．<質問1の答え>は，<質問7の答え>という問題を低減するが，<質問4の答え>という別の問題を発生する．<質問4の答え>は<質問5の答え>という理由で問題とされている．

問題の詳細：<質問1の答え>から<質問2の答え>が得られるのは，<質問11の答え>が<質問12の答え>の変化を生じ，<質問15の答え>という状況を作り出すことによる．しかし<質問11の答え>は同時に<質問12の答え>の変化を生じ，<質問13の答え>という状況を作り出し<質問4の答え>の原因となる．これまでの研究により，<質問12の答え>の変化については，<質問14の答え>ということが報告されている．

研究の内容：本研究では，<質問9の答え>に代わって<質問26の答え>を導入することを検討する．<質問26の答え>は<質問28の答え>という仕組みにより<質問13の答え>を低減する．<質問26の答え>の<質問15の答え>への影響を調査した結果，<質問26の答え>により<質問12の答え>の変化が抑制され，<質問5の答え>を低減すると結論付けた．

(0) 質問の答えをあてはめる

まずは質問の回答を論文のタイプにしたがって，テンプレートに挿入する．ここではアブストラクトのうち,「研究の背景」を例にとり, 具体的に説明する．

> 現在,「立体地図の作成や災害時の救助活動などの高度な作業を行うことができる」を得るために,「飛行機やヘリコプターによる作業」が広く用いられている.「立体地図の作成や災害時の救助活動などの高度な作業を行うことができる」は,「詳細な地図や災害時の救助活動は重要である」という理由で必要とされている．しかし,「飛行機やヘリコプターによる作業」からは,「飛行機やヘリコプターは，小型無人機に比べエネルギーを消費する．また，パイロットによる操縦が必要であり，災害時の救助活動においては危険を伴うこともある」という問題が発生する.「飛行機やヘリコプターは，小型無人機に比べエネルギーを消費する．また，パイロットの操縦が必要であり，災害時の救助活動においては危険を伴うこともある」は,「飛行機やヘリコプターの使用にはコストがかかる．また，災害時の救助活動においてパイロットの安全も確保されるべきである」という理由で問題とされている．そこで，近年,「強調した複数の小型無人機（ドローン)」が注目されている.「強調した複数の小型無人機（ドローン)」は,「飛行機やヘリコプターは，小型無人機に比べエネルギーを消費する．また，パイロットの操縦が必要であり，災害時の救助活動においては危険を伴うこともある」は,「飛行機やヘリコプターの使用にはコストがかかる．また，災害時の救助活動においてパイロットの安全も確保されるべきである」という問題を低減するが,「ある一定時間が経過すると各無人機のバッテリー残量に顕著なばらつきが生じる」という別の問題を発生する.「ある一定時間が経過すると各無人機のバッテリー残量に顕著なばらつきが生じる」は,「バッテリー残量のばらつきにより発生する動作の差異の調整には，高度な技術が必要となる．また，オペレータへの負荷も高い」という理由で問題とされている．

このままでは英訳しにくいので日本語を整える．

第１文，第２文の内容を統合し,『立体地図の作成や災害時の救助活動などの複雑な空中作業には飛行機やヘリコプターが用いられている.』とまとめる．第３文と第４文は,『飛行機やヘリコプターによる作業には, 高度な技術を持ったパイロットの操縦が必要であり，ときに危険を伴うこともある.』とした．

議論をシンプルにするため，エネルギーの消費に関する記述は省いている．第5文は，『そこで，それらの作業を行うにあたり，複数のドローンを強調させることが期待されている.』とし，第6文は，第7文は，冗長な部分を修正して，それぞれ，『しかし，複数のドローンを強調させて作業を行う場合，一定時間が過ぎると各バッテリー残量に顕著なばらつきが生じ，問題となる.』,『このようなバッテリー残量のばらつきによるドローンの動作の差異を調整するにはオペレータの高度な技術が必要となり，その作業負荷も高い.』とする．

したがって，アブストラクトの「研究の背景」は次のように書ける．

> 立体地図の作成や災害時の救助活動などの複雑な空中作業には飛行機やヘリコプターが用いられている．飛行機やヘリコプターによる作業には，高度な技術をもったパイロットの操縦が必要であり，ときに危険を伴うこともある．そこで，それらの作業を行うにあたり，複数のドローンを協調させることが期待されている．しかし，複数のドローンを協調させて作業を行う場合，一定時間が過ぎると各バッテリー残量に顕著なばらつきが生じ，問題となる．このようなバッテリー残量のばらつきによるドローンの動作の差異を調整するにはオペレータの高度な技術が必要となり，その作業負荷も高い．

（1）短い日本語に分ける

日本語でアブストラクトが書けたら，chapter 2 で説明したパラグラフ作成手順に則り，リバースエンジニアリングにより英訳していく．ここでもchapter2 と同様，まずは日本語のアブストラクトを簡潔な情報要素に分割・整理することで，日本語の短い文章をつくっていく．前述の例だと，次のようになる．

> (a) 飛行機やヘリコプターは複雑な空中作業に用いられる．
> (b) 複雑な空中作業には以下の項目を含む
> ・立体地図の作成
> ・災害時の救助活動
> (c) 飛行機やヘリコプターによる作業には，パイロットの操縦が必要である．
> (d) そのような作業には危険が伴うこともある．

(e) パイロットには高度な技術が必要である．

(f) 複数のドローンを協調させてそれらの作業を行うことが解決策として提案されている．

(g) 複数のドローンを協調させて作業には以下のような問題がある．

- 一定時間が過ぎると各バッテリー残量に顕著なばらつきが生じる．
- バッテリー残量のばらつきはドローンの動作の差異を生ずる．
- ドローンの動作の差異の調整にはオペレータの高度な技術が必要となる．
- その調整作業はオペレータへの負荷が高い．

（2）英訳

アブストラクトを簡潔な情報要素に分割・整理して，日本語の短い文章がつくれたら，それぞれを英訳していく．chapter2 と同様，英語に関しては，この段階では厳密にしなくてよい．

(a) Airplanes and helicopters were used for complex aerial operations.

(b) Complex aerial operations includes the followings.

- Making 3D maps
- Rescue works in a disaster event

(c) Operations with an airplane or a helicopter need to be controlled by pilots.

(d) Such operations are sometimes dangerous.

(e) Such operations are relying on the high skills of pilots

(f) Coordination of plural drones is expected as a solution methodology.

(g) The coordination of plural drones have following problems.

- Remarkable variation in remaining battery charges of the drones after certain operation time
- The variation in remaining battery charges results in operation differences among the drones
- Adjustment control of operation differences among the drones requires high skills of operators.
- Adjustment control of operation requires significant workload on operators.

練習のため，これらの英文は意図的に間違いを含んでいます．正しくはP.101の英文を参考にして下さい．

（3）サブトピックセンテンスをつくる

chapter 2にて紹介した「パラグラフ作成手順」では，トピックセンテンスとなる要素を抽出するという手順を経たが，このテンプレートを使ってアブストラクトを作成した場合は，ある程度，情報が整理されているため，情報の順序はそれほど気にする必要はないだろう．（2）で作成した情報要素の英訳を，そのままつなぎ合わせれば英文が完成できるはずだ．

（0）でつくった日本語のアブストラクトから，（a）（b）の英文を組み合わせて「研究の背景」のサブトピックセンテンスとした．

Airplanes and helicopters were used for complex aerial operations such as making 3D maps and rescue works in a disaster event.

（4）アブストラクトを完成させる

残った（c）から（g）の英文を組み合わせて，サブトピックセンテンスに続くサポーティングセンテンスを作成する．

Operations with an airplane or a helicopter need to be controlled by pilots. Such operations are sometimes dangerous and are relying on the high skills of pilots. Coordination of plural drones is expected as a solution methodology. The coordination of plural drones have problems of remarkable variation in remaining battery charges of the drones after certain operation time. The variation in remaining battery charges results in operation differences among the drones and adjustment control of operation differences among the drones requiring high skills of operators. Adjustment control of operation requires significant workload on operators.

(5) センテンスのブラッシュアップ

英文のブラッシュアップについては，chapter6 にて詳しく説明するが，できた英文に誤りがないか, 単語（カタカナ語があるときはとくに注意）は適当か,文章が長すぎないか，あるいは情報をもっと簡潔にまとめることはできないかを，この段階でしっかりと見直しておく.

たとえば，第 3 センテンスの「the high skills of pilots」は，「high skilled pilots」とすれば，より簡潔になるし，関係代名詞を用いて第 2 センテンスと統合することもできるだろう．第 4 センテンスには however（しかしながら）を入れると，ここではストーリーの流れがより明確になりそうだ．第 6 センテンスは，with significant workloadとすると，第 5 センテンスと統合して簡潔にできる.

Airplanes and helicopters are used for complex aerial operations such as making 3D maps and rescue works in a disaster event. Operations with an airplane or a helicopter, which are sometimes dangerous, need to be controlled by high-skilled pilots. Coordination of plural drones is expected as an alternative methodology. However, the coordination of plural drones has problems of remarkable variation in remaining battery charges of the drones after certain operation time. The variation in remaining battery charges results in operation differences among the drones and adjustment control of operation differences among the drones requiring high skills of operators with significant workload.

同様にして，タイプ 2 のアブストラクト全体を仕上げていくと，タイプ 2 のアブストラクトは以下のように書ける（chapter 6 にて説明するブラッシュアップを施した後の英文を示す)．ジャーナルや分野によっても異なるが，アブストラクトは 200 語程度になっていると，読者は無理なく目を通すことができるだろう.

アブストラクト（Abstract）の例（タイプ2）

（トピックセンテンス）This paper aims to verify a new control unit for reducing variation in remaining battery charges of coordinated plural drones.（研究の背景）Airplanes and helicopters are used for complex aerial operations such as making 3D maps and rescue works in a disaster event. Operations with an airplane or a helicopter, which are sometimes dangerous, need to be controlled by high-skilled pilots. Coordination of plural drones has expected as an alternative methodology. However, the coordination of plural drones has problems of remarkable variation in remaining battery charges of the drones after certain operation time. The variation in remaining battery charges results in operation differences among the drones and adjustment control of operation differences among the drones requiring high skills of operators with significant workload.（問題の詳細）The coordination of plural drones is normally controlled by an automatic motion control unit. The control unit requires fine manual adjustments after certain operation time caused by the variation in the remaining battery charges. Previous research clarified that operation differences in the coordinated drones causes variation of power consumption per unit time, resulting in the variation in remaining battery charges.（研究の内容）A new control unit, which has been developed by our research group, automatically assigns operations on the drones each to equalize the power consumption per unit time. This research examined the new control unit by observing its influences on variation in remaining battery charges of the drones. Less variation in remaining battery charges was observed with the new control unit. So, we concluded that the new control unit reduces the workload on the operator.

本稿は複数のドローンによる協調の際のバッテリー残量のばらつきを低減するための新たな制御ユニットを検証することを目的とする．立体地図の作成や災害時の救助活動などの複雑な空中作業には飛行機やヘリコプターが用いられている．飛行機やヘリコプターによる作業には，高度な技術を持ったパイロットの操縦が必要であり，時に危険を伴うこともある．そこで，それらの作業を行

ch. 5

うにあたり，複数のドローンを協調させることが期待されている．しかし，複数のドローンを協調させて作業を行う場合，一定時間が過ぎると各バッテリー残量に顕著なばらつきが生じ，問題となる．このようなバッテリー残量のばらつきによるドローンの動作の差異を調整するにはオペレータの高度な技術が必要となり，その作業負荷も高い．複数のドローンの協調は，一般に自動制御ユニットにより操縦が行われている．その操縦ユニットは，ある一定の時間が経過するとバッテリー残量のばらつきが発生し，オペレータによる微調整が必要となる．これまでの研究で，各ドローンの協調作業における相違が，時間当たりの消費電力の相違を引き起こし，結果としてバッテリー残量のばらつきとなることがわかっている．我々の研究グループが開発した新たな制御ユニットは，機械学習により，単位時間当たりの消費電力量を均等にするよう自動的に各ドローンの作業を分担する．本研究では，その新たな制御ユニットによるドローンのバッテリー残量のばらつきへの影響を調査した．バッテリー残量のばらつきは，新たな制御ユニットを導入する事によりが低減されることが示され，高度な技術をもったオペレータへの負担も軽減されると結論付けた．

英語論文の項目が決まっている理由

莫大な情報が詰まっている論文は，情報が序論，方法，結果，考察，結論などのセクションに分類，整理されていることで，わかりやすく伝えられるようになっている．タイトルやアブストラクトは，これらをまとめた全体像を短時間で把握するためにさらに簡潔にまとめたものである．英語論文を執筆するときは，セクションの役割をしっかりと意識するようにしよう．

LESSON 03

結論(Conclusion)の書き方

結論（Conclusion）の書き方の手順

結論はおおよそ，方法，結果，考察に関する内容に分けられる．実際に書く場合はアブストラクトと同様に，テンプレートに当てはめて，ある程度機械的に作成することができる．完成した結論は，方法，結果，考察の執筆計画書になるものなので，これらを意識しながら書くとよいだろう．

◆結論作成手順

(0) 質問の答えをあてはめる	テンプレートに chapter 4 の質問の答えを挿入し，結論を作成する．
▼	
(1) 短い日本語に分ける	作成したアブストラクトを短い文章に分ける．
▼	
(2) 英　訳	日本語の文章を英語に訳す．
▼	
(3) トピックセンテンスをつくる	作成した英文から，トピックセンテンスをつくる．
▼	
(4) 結論を完成させる	残りの英文から，サポーティングセンテンスをつくり，結論を完成させる．
▼	
(5) センテンスのブラッシュアップ	できた英文にブラッシュアップを施し，より読みやすい英文にする(chapter 6 で解説)．

結論（Conclusion）を書く（タイプ1）

結論（Conclusion）のためのテンプレート（タイプ1）

方法：本研究では，＜質問1の答え＞における＜質問4の答え＞の発生のメカニズムを解明することを目的とし，＜質問16の答え＞と＜質問11の答え＞との関連を調査した．＜質問19の答え＞という方法で，＜質問16の答え＞を制御し，＜質問20の答え＞という方法で，その＜質問11の答え＞との関連を測定した．得られた測定データは＜質問22の答え＞という方法で処理した．

結果：その結果，＜質問16の答え＞の＜質問18の答え＞と＜質問11の答え＞の関係が明らかとなった．

考察：具体的には，＜質問23の答え＞に基づき＜質問24の答え＞と結論付けた．本研究より得られた知見から，問題の解決策として＜質問25の答え＞を提案した．

（0）質問の答えをあてはめる

結論においても，アブストラクトと同様に，まずは質問の回答を論文のタイプにしたがって，テンプレートに挿入する．ここでは結論のうち，「方法」を例にとり，具体的に説明する．

> 本研究では，「耐熱性硬質樹脂製の機械部品」における「設計上では想定されていない破壊による機械製品の故障」の発生メカニズムを解明することを目的とし，「潤滑油によるオイルミスト」と「耐熱性硬質樹脂，ほかの部品，潤滑油，空気，使用環境」との関連を調査した．「潤滑油を付着させた高温のプロペラを回転させることによりオイルミストを発生させ，このプロペラの回転数によりオイルミストの粒径を調整し，1 ㎛，3 ㎛，10 ㎛，30 ㎛の四種類を準備した．温度条件はヒーターにより，10℃，20℃，30℃，40℃に調整した．」という方法で，「潤滑油によるオイルミスト」を制御し，「各粒径，気温の雰囲気に20日放置した後，引張試験により強度を測定した．」という方法で，その「耐熱性硬質樹脂，ほかの部品，潤滑油，空気，使用環境」との関連を測定した．得られた測定データは，「各条件において測定し

た強度の平均と分散を算出した.」という方法で処理した.

このままでは英訳しにくいので，日本語を整える.

まず第1文は冗長さを省き，使用環境に関する具体情報を補足して，『本研究では，工作機械等，潤滑油を用いた機械が設置されている工場での破壊に関する報告が目立つことに着目し，オイルミストの耐熱性硬質樹脂の強度への影響を調査した.』とする．実験方法を説明する第2文以降をまとめて，『それら機械は，高速な回転運動を伴うものであり，高温の微細なオイルミストを生成するため，オイルミストの粒径と温度を試験変数とした．潤滑油を付着させた高温のプロペラの回転数により，オイルミストの粒子径を1 μm，3 μm，10 μm，30 μmに調整し，一方，温度条件はヒーターにより，10 ℃，20 ℃，30 ℃，40 ℃に調整した．そして，各粒径，温度条件の雰囲気に40日間放置した後，引張試験により各条件10個の試験片の強度を測定した.』とする.

したがって，結論の「方法」は次のように書ける.

本研究では，工作機械等，潤滑油を用いた機械が設置されている工場での破壊に関する報告が目立つことに着目し，オイルミストの耐熱性硬質樹脂の強度への影響を調査した．それら機械は，高速な回転運動を伴うものであり，高温の微細なオイルミストを生成するため，オイルミストの粒径と温度を試験変数とした．潤滑油を付着させた高温のプロペラの回転数により，オイルミストの粒子径を1 μm，3 μm，10 μm，30 μmに調整し，一方，温度条件はヒーターにより，10 ℃，20 ℃，30 ℃，40 ℃に調整した．そして，各粒径，温度条件の雰囲気に40日間放置した後，引張試験により各条件10個の試験片の強度を測定した.

（1）短い日本語に分ける

日本語で結論が書けたら，chapter 2で説明したパラグラフ作成手順に則り，リバースエンジニアリングにより英訳していく．ここでもまずはchapter2と同様，ここでもまずは日本語の結論を簡潔な情報要素に分割・整理することで，日本語の短い文章をつくっていく．前述の例だと，次のようになる.

(a) 本研究ではオイルミストの耐熱性硬質樹脂の強度への影響を調査した.

ch. 5

(b) 工場での耐熱性硬質樹脂の部品の破壊に関する報告が多い.

(c) それらの工場には，工作機械等，潤滑油を用いた機械が設置されている.

(d) それらの機械は高速な回転運動を伴う.

(e) それらの機械は高温の微細なオイルミストを生成する.

(f) 試験変数は以下のとおりである

・オイルミストの粒径

・オイルミストの温度

(g) 調査は以下の手順で行った.

・オイルミストの粒子径は 1 ㎛，3 ㎛，10 ㎛，30 ㎛に調整した.

・オイルミストの粒子径は高温のプロペラの回転数により調整した.

・高温のプロペラに潤滑油を付着させた.

・温度条件は 10 ℃，20 ℃，30 ℃，40 ℃に調整した.

・温度の調整にはヒーターを用いた.

・試験片を各粒径，温度条件の雰囲気に 40 日間放置した.

・引張試験により試験片の強度を測定した.

・試験片の数は 10 個である.

(2) 英訳

結論を簡潔な情報要素に分割・整理して，日本語の短い文章がつくれたら，それぞれを英訳していく．chapter2 と同様，英語に関しては，この段階では厳密にしなくてよい.

(a) This research investigated the affect of oil mist to the strength of heat-resistant hard resin.

(b) There are many reports the fact that unexpected failures have been mainly observed in factories.

(c) There are machines, such as machine tools, that use lubricant oil in the factories.

(d) The machines operate with high-speed rotational motion.

(e) The machines generate high temperature environments that contains small oil mist particles

(f) Followings were focused as test parameters
・Particle size of oil mist
・Temperature of oil mist
(g) The experiment was performed following the procedure below.
・Oil mist particle diameters were controlled as 1 ㎛, 3 ㎛, 10 ㎛ and 30 ㎛
・Oil mist particle diameters were controlled by the propeller rotation speed
・Lubricant oil was put on a high temperature propeller
・Test temperatures were 10, 20, 30 ℃ and 40 ℃ .
・Heater was used for controlling the temperature.
・Test pieces were left for 40 days in each particle diameter and temperature condition
・Tensile strengths of test pieces were measured.
・The number of test pieces was 10.

練習のため，これらの英文は意図的に間違いを含んでいます．正しくはP.109の英文を参考にして下さい．

（3）トピックセンテンスをつくる

テンプレートを使って結論を作成していれば，すでにある程度は情報が整理されているので，情報の順序はそれほど気にする必要はないだろう．（2）で作成した情報要素の英訳を，そのままつなぎ合わせれば英文が完成できるはずだ．

ここでは，（0）で作った日本語から，(a)（b）（c）（d）の英文を組み合わせて「方法」に関するパラグラフのトピックセンテンスとした．

This research investigated the influence of oil mist to the strength of heat-resistant hard resin with respect to the fact that unexpected failures have been mainly observed near machines, such as machine tools, that use lubricant oil.

（4）結論を完成させる

残った（e）から（g）の英文を適宜組み合わせて，トピックセンテンスに続くサポーティングセンテンスを作成する．

> The machines generate high temperature environments that contain small oil mist particles. Particle size of oil mist and temperature of oil mist were focused as test parameters. Oil mist particle diameters were controlled as 1 μm, 3 μm, 10 μm and 30 μm by the propeller rotation speed. Lubricant oil was put on a high temperature propeller. Test temperatures were 10, 20, 30 ℃ and 40 ℃ by using heater. Test pieces were left for 40 days in each particle diameter and temperature condition. Tensile strengths of test pieces were measured. The number of test pieces was 10.

（5）センテンスのブラッシュアップ

英文のブラッシュアップについては，chapter 6 にて詳しく説明するが，できた英文に誤りがないか，単語（カタカナ語があるときはとくに注意）は適当か，文章が長すぎないか，あるいは情報をもっと簡潔にまとめることはできないかを，この段階でしっかりと見直しておく．

たとえば第 3 センテンスの「Particle size of oil mist and temperature of oil mist」は「Particle size and temperature of oil mist」と一つにまとめた方が簡潔になるだろう．また，第 7 センテンスの「The number of test pieces was 10」も，第 5 センテンスと統合し，「Then, 10 test pieces were left for 40....」とするとよいだろう．

> This research investigated the influence of oil mist to the strength of heat-resistant hard resin with respect to the fact that unexpected failures have been mainly observed near machines, such as machine tools, that use lubricant oil. The machines generate high temperature environments that contain small oil mist particles. <u>Particle size and temperature of oil mist</u> were focused as test parameters. Oil mist particle diameters were controlled as 1 μm, 3 μm, 10 μm and 30 μm by the propeller rotation speed. Lubricant oil was put on a high temperature

propeller. Test temperatures were 10, 20, 30 ℃ and 40 ℃ by using heater. Then, 10 test pieces were left for 40 days in each particle diameter and temperature condition. Tensile strengths of test pieces were measured.

同様にしてタイプ１の結論全体を仕上げていく．タイプ１の結論の例を示す（chapter6 にて説明するブラッシュアップを施した後の英文を示す）．ジャーナルや分野によっても異なるが，結論は 200 ～ 300 語程度を目安とするとよい．

結論（Conclusion）の実例（タイプ１）

（方法）This research investigated the influence of oil mist to the strength of heat-resistant hard resin with respect to the fact that unexpected failures have been mainly observed near machines, such as machine tools, that use lubricant oil. The machines generate high temperature environments that contain small oil mist particles. Particle size and temperature of oil mist were focused as test parameters. Oil mist particle diameters were controlled at 1 ㎛, 3 ㎛, 10 ㎛ and 30 ㎛ by the propeller rotation speed. Lubricant oil was put on a high temperature propeller. Test temperatures were 10, 20, 30 ℃ and 40 ℃ by using heater. Then, 10 test pieces were left for 40 days in each particle diameter and temperature condition. Tensile strengths of test pieces were measured.（結果）The test results showed significant strength decrease at test pieces：1 ㎛, oil mist particle diameter and 40 ℃, temperature.（考察）So, we concluded that higher temperature and finer oil mist may deteriorate the strength of heat-resistant hard resin, possibly resulting in unexpected failures. We suggested to avoid using the heat-resistant hard resin in a machine that may be used in the environment that generates oil mist in higher temperature with respect to the findings in this research. Detailed mechanism, how the oil mist reduces the strength of heat-resistant hard resin in high temperature, needs to be further clarified in future research.

本研究では，工作機械などの潤滑油を用いた機械が設置されている工場での破壊

ch. 5

に関する報告が目立つことに着目し，オイルミストの耐熱性硬質樹脂の強度への影響を調査した．それらの機械は，高速な回転運動を伴うものであり，高温の微細なオイルミストを生成する．そこで，オイルミストの粒径と温度を試験変数とした．潤滑油を付着させた高温のプロペラの回転数により，オイルミストの粒子径を1㎛, 3㎛, 10㎛, 30㎛に調整し，一方，温度条件はヒーターにより，10℃，20℃，30℃，40℃に調整した．そして，各粒径，温度条件の雰囲気に40日間放置したのち，引張試験により各条件10個の試験片の強度を測定した．試験結果から，ミスト粒径1㎛，温度40℃，の試験片の中に，顕著な強度の低下が観察された．これより，高温かつ微細なオイルミストは耐熱性硬質樹脂の強度を低下させ，それが想定されていない破壊の原因となっている可能性があると結論付けた．本研究より得られた知見から，耐熱性超硬質樹脂を機械部品は高温かつオイルミストが発生する環境で使用される可能性のある機械には使用しないことを提案する．オイルミストが耐熱性超硬質樹脂を低下させる詳細なメカニズムについては，今後の研究で明らかにする必要がある．

結論（Conclusion）を書く（タイプ2）

結論（Conclusion）のためのテンプレート（タイプ2）

方法：本研究では，＜質問1の答え＞における＜質問4の答え＞という問題の発生を低減するため，＜質問26の答え＞を導入することを検討した．＜質問26の答え＞は＜質問28の答え＞という仕組みにより＜質問13の答え＞を低減することが期待されている．そこで，＜質問26の答え＞の＜質問13の答え＞への影響を調査した．＜質問26の答え＞は，＜質問29の答え＞という方法で制御し，その＜質問13の答え＞への影響は＜質問30の答え＞という方法で測定した．得られた測定データは，＜質問32の答え＞という方法で処理した．

結果：＜質問26の答え＞の＜質問13の答え＞への影響は，＜質問33の答え＞のような結果となった．

考察：そして，＜質問28の答え＞という理由から，＜質問26の答え＞により＜質問13の答え＞の変化が抑制され，＜質問5の答え＞を低減すると結論付けた．しかし，＜質問34の答え＞という新たな問題が発生し，対策が必要である．

（0）質問の答えをあてはめる

結論においても，アブストラクトと同様に，まずは質問の回答を論文のタイプにしたがって，テンプレートに挿入する．ここでは結論のうち，「方法」を例にとり，具体的に説明する．

> 本研究では，「協調した複数の小型無人機（ドローン）」における，「ある一定時間が経過すると各無人機のバッテリー残量に顕著なばらつきが生じる」という問題の発生を低減するため，「機械学習を用いて，複数のドローンによる自立した協調作業の分担を実現した新たな制御ユニット」を導入することを検討した．「機械学習を用いて，複数のドローンによる自立した協調作業の分担を実現した新たな制御ユニット」は，「機械学習により作業を自律分担することで，作業動作のばらつきを低減する」という仕組みにより，「各小型無人機の作業動作のばらつきによって，バッ

テリー残量のばらつきが生じる」を低減することが期待されている．そこで，「機械学習を用いて，複数のドローンによる自立した協調作業の分担を実現した新たな制御ユニット」の「各小型無人機の作業動作のばらつきによって，バッテリー残量のばらつきが生じる」への影響を調査した．「機械学習を用いて，複数のドローンによる自立した協調作業の分担を実現した新たな制御ユニット」は，「新たな動作ユニットを用いて小型無人機による協調作業を実施し，これまでの動作ユニットによる結果と比較した」という方法で制御し，その「各小型無人機の作業動作のばらつきによって，バッテリー残量のばらつきが生じる」への影響は，「無線通信により各小型無人機のバッテリー残量を常時モニタリングした」という方法で測定した．得られた測定データは，「バッテリー残量の分散のバッテリー残量に対する比率の，時間による変化を算出した．ある時刻における各ドローンのバッテリー残量の分散を算出し，各ドローンのバッテリー残量の平均と比較した．平均バッテリー残量に比して分散の値が大きい場合，ばらつきの影響が顕著になることになる．そこで，バッテリー残量の分散と平均バッテリー残量の比率の時間変化を記録した．」という方法で処理した．

このままでは英訳しにくいので，日本語を整える．

第1文でこれまでの経緯を背景として説明するために，『機械学習により協調した各ドローンの作業分担を自律的に調整し，消費電力量のばらつきを低減する新たな制御ユニットが提案した．』とした．第2文の内容は省略した．第3文は冗長なので，『協調した複数のドローンを，作業に従事させ，各小型無人機のバッテリー残量を無線通信により常時モニタリングした．』とした．第4文，第5文も重要な部分のみで文章を構成し直し，それぞれ『協調した複数のドローンを，作業に従事させ，各小型無人機のバッテリー残量を無線通信により常時モニタリングした．』，『バッテリー残量の分散の平均バッテリー残量に対する比率の時間的変化を観察し，それを従来の制御ユニットと比較した．』とした．

したがって，この結論の「方法」は次のように書ける．

われわれの研究グループはこれまでに，機械学習により協調した各ドローンの作業分担を自律的に調整し，消費電力量のばらつきを低減する新たな制御ユニットが提案した．本研究では，新たな制御ユニットの効果を示すため，その新たな制御ユニットによる複数のドローンのバッテリー残量のばらつきへの影響を調査した．協調した複数のドローンを，作業に従事させ，各小型無人機のバッテリー残量を無線通信により常時モニタリングした．バッテリー残量の分散の平均バッテリー残量に対する比率の時間的変化を観察し，それを従来の制御ユニットと比較した．

（1）短い日本語に分ける

日本語で結論が書けたら，chapter 2 で説明したパラグラフ作成手順に則り，リバースエンジニアリングによりで英訳していく．ここでも chapter 2 と同様，ここでもまずは日本語の結論を簡潔な情報要素に分割・整理することで，日本語の短い文章をつくっていく．前述の例だと，次のようになる．

(a) われわれの研究グループはこれまでに，新たな制御ユニットを提案した．
(b) 新たな制御ユニットは機械学習を応用したものである．
(c) 新たな制御ユニットは協調した各ドローンの作業分担を自律的に調整する．
(d) 新たな制御ユニットは消費電力量のばらつきを低減する
(e) 本研究では，新たな制御ユニットの効果を示す．
(f) 本研究では，新たな制御ユニットによる複数のドローンのバッテリー残量のばらつきへの影響を調査した．
(g) 調査は以下の手順で行った．
・協調した複数のドローンを，作業に従事させた．
・各小型無人機のバッテリー残量を無線通信により常時モニタリングした．
・バッテリー残量の分散の平均バッテリー残量に対する比率の時間的変化を観察した．
・新たな制御ユニットによる結果を従来の制御ユニットと比較した．

（2）英訳

結論を簡潔な情報要素に分割・整理して，日本語の短い文章がつくれたら，それぞれを英訳していく．chapter2 と同様，英語に関しては，この段階では厳密にしなくてよい．

(a) Our research group previously proposed a new control unit.
(b) The new control unit by applies machine learning.
(c) The new control unit automatically assigns operations on coordinated drones each.
(d) The new control unit minimizes their power consumption variation.
(e) This research aims to verify the effect of the new control unit.
(f) In this research, we examined how the new control unit influences on variation in remaining battery charges of the coordinated plural drones
(g) The experiment was performed following the procedure below.
・Coordinated plural drones were engaged in test operations
・Remaining battery charges of each drone was constantly monitored with wireless communication
・The ratio of their variation to the average of remaining battery charges were recorded according to time.
・The performance result of the new control unit was compared with those of a conventional unit.

練習のため，これらの英文は意図的に間違いを含んでいます．正しくはP.116の英文を参考にして下さい．

（3）トピックセンテンスをつくる

テンプレートを使って結論を作成していれば，すでにある程度は情報が整理されているので，情報の順序はそれほど気にする必要はないだろう．（2）で作成した情報要素の英訳を，そのままつなぎ合わせれば英文が完成できるはずだ．

ここでは（0）でつくった日本語から，(a)（b)（c)（d）の英文を組み合わせて「方法」に関するパラグラフのトピックセンテンスとした．

Our research group previously proposed a new control unit that automatically assigns operations on coordinated drones each to minimize their power consumption variation by applying machine learning.

（4）結論を完成させる

残った（e）から（g）の英文を組み合わせて，トピックセンテンスに続くサポーティングセンテンスを作成する．

This research aims to verify the effect of the new control unit. In this research, we examined how the new control unit influences on variation in remaining battery charges of the coordinated plural drones. In the experiment, coordinated plural drones were engaged in test operations. Remaining battery charges of each drone was constantly monitored with wireless communication. The ratio of their variation to the average of remaining battery charges were recorded according to time. The performance result of the new control unit was compared with those of a conventional unit.

（5）センテンスのブラッシュアップ

英文のブラッシュアップについては，chapter 6にて詳しく説明するが，できた英文に誤りがないか，単語（カタカナ語があるときはとくに注意）は適当か，文章が長すぎないか，あるいは情報をもっと簡潔にまとめることはできないかを，この段階でしっかりと見直しておく．

たとえば，第2センテンスと第3センテンスは，不定詞を用いて統合するとよいだろう．また，第6センテンスにthenを入れ，第7センテンスとandで結ぶと，ストーリーの流れが見えやすくなるだろう．

Our research group has previously proposed a new control unit that automatically assigns operations on coordinated drones to minimize their power consumption variation by each of applying machine learning.　In this research, we examined how the new control unit influences on variation in remaining battery charges of the coordinated plural drones to verify the effect of the new control unit. In the experiment, coordinated plural drones were engaged in test operations. Remaining battery charges of each drone was constantly monitored with wireless communication. Then, the ratio of their variation to the average of remaining battery charges were recorded as function of time and the performance result of the new control unit was compared with those of a conventional unit.

同様にしてタイプ1の結論全体を仕上げていく．タイプ1の結論の例を示す(chapter6 のブラッシュアップ後)．ジャーナルや分野によっても異なるが，結論は 200 ～ 300 語程度を目安とするとよい．

結論（Conclusion）の実例（タイプ2）

(方法) Our research group has previously proposed a new control unit that automatically assigns operations on coordinated drones to minimize their power consumption variation by applying machine learning. In this research, we examined how the new control unit influences on variation in remaining battery charges of the coordinated plural drones to verify the effect of the new control unit. In the experiment, coordinated plural drones were engaged in test operations. Remaining battery charges of each drone was constantly monitored with wireless communication. Then, the ratio of their variation to the average of remaining battery charges were recorded as a function of time and the performance result of the new control unit was compared with those of a conventional unit. (結果) The conventional control unit required manual adjustment by the operator to continue the coordinated operation after 2 hours, where the ratio of their variation to the average of remaining battery charges exceeded 0.1, while the new control unit took more than 3 hours to be in the situation. (考察) So, we concluded that the new control unit reduces the variation in remaining battery charges reducing the workload of the operators. Further challenge in this research was that the variation in remaining battery charges became significant even with the new control unit still requiring operators' manual adjustment for further operation.

われわれの研究グループはこれまでに，機械学習により協調した各ドローンの作業分担を自律的に調整し，消費電力量のばらつきを低減する新たな制御ユニットが提案した．本研究では，新たな制御ユニットの効果を示すため，その新たな制御ユニットによる複数のドローンのバッテリー残量のばらつきへの影響を調査した．協調した複数のドローンを，作業に従事させ，各小型無人機のバッテリー残量を無線通信により常時モニタリングした．バッテリー残量の分散の平均バッテリー残量に対する比率の時間的変化を観察し，それを従来の制御ユニットと比較した．従来の制御ユニットが，バッテリー残量の分散のバッテリー残量に対する比率が0.1を超え，協調作業の継続のためにオペレータによる調整が必要となるに，2時間かかった．一方，新たな制御ユニットでは，同様の状態になるまでに3時間以上を要した．従って，バッテリー残量のばらつきは，新たな制御ユニットを導入する事によりが低減され，オペレータへの負担も軽減されると結論付けた．ただし，新たな制御ユニットを用いても，バッテリー残量のばらつきは再び顕著になり，それ以降の作業にはオペレータによる調整が必要となることも今後の課題である．

LESSON 04

序論(Introduction)の書き方

序論（Introduction）の書き方の手順

アブストラクトと結論ができたら，次は研究の背景を中心に説明する序論に取り組むのがよいだろう．

序論を書くときは，多くの読者が各パラグラフのトピックセンテンスから目を通すことを意識しよう．つまり，序論のトピックセンテンスのみを拾い読みしたときに，研究の背景が浮かび上がるようにパラグラフを配置して書く必要がある．そのためには，序論のそれぞれのパラグラフのトピックセンテンスは研究の概要を説明するアブストラクトをベースにして，構築していくのがよいだろう．

◆序論作成手順

(1)トピックセンテンスをつくる

アブストラクトで作成した「研究の背景」,「問題の詳細」のセンテンスを序論の各パラグラフのトピックセンテンスとして配置する．

▼

(2)パラグラフをつくる

各トピックセンテンスの詳細を説明するサポーティングセンテンス（詳しい説明，例など）を作成し，パラグラフをつくっていく．

▼

(3)必要に応じてパラグラフを足す

さらに詳しい説明が必要な場合は，新たなパラグラフ（トピックセンテンス）を立ち上げる．

▼

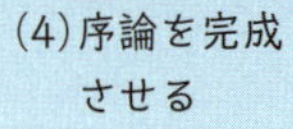

序論の最後のパラグラフは「研究の内容」とほぼ同等の内容とする．

序論（Introduction）を書く

アブストラクトの「トピックセンテンス」,「研究の背景」,「問題の詳細」,「研究の内容」の四つのパートのうち，序論ではおもに，「研究の背景」,「問題の詳細」を説明していく．これらのセンテンスを各パラグラフのトピックセンテンスにして，その詳細や具体例を補足するサポーティングセンテンスを数行ずつ足していくとよい．さらに詳細な説明が必要だと考える場合は，新たなパラグラフ（トピックセンテンスとサポーティングセンテンス）を立ち上げよう．ただし「研究の内容」に関しては，方法，結果，考察で詳しく説明することになるので，序論で詳しくする必要はなく，アブストラクトと同程度の説明で十分だろう．

このように序論を作成していくと，おそらくアブストラクトのおよそ２～５倍の長さになるはずだ．

（1）トピックセンテンスをつくる

アブストラクトで作成した「研究の背景」,「問題の詳細」のセンテンスを序論の各パラグラフのトピックセンテンスとして配置する．ここでは機械的に，アブストラクトの各センテンスをそれぞれ並べていこう．これらが序論の各パラグラフのトピックセンテンスとなる．以下は前節で作成したタイプ１のアブストラクトをもとに序論の前半のトピックセンテンスを並べたものである．

> Currently, machine products have many parts made from metals such as iron and aluminum and others.
>
> The features of metal parts, higher density and difficulty in processing, cause problems in weight and cost reduction.
>
> Recently, then, mechanical parts made from heat-resistant hard resin have gained attention.
>
> ・・・

◆アブストラクトと序論のセンテンスの関係

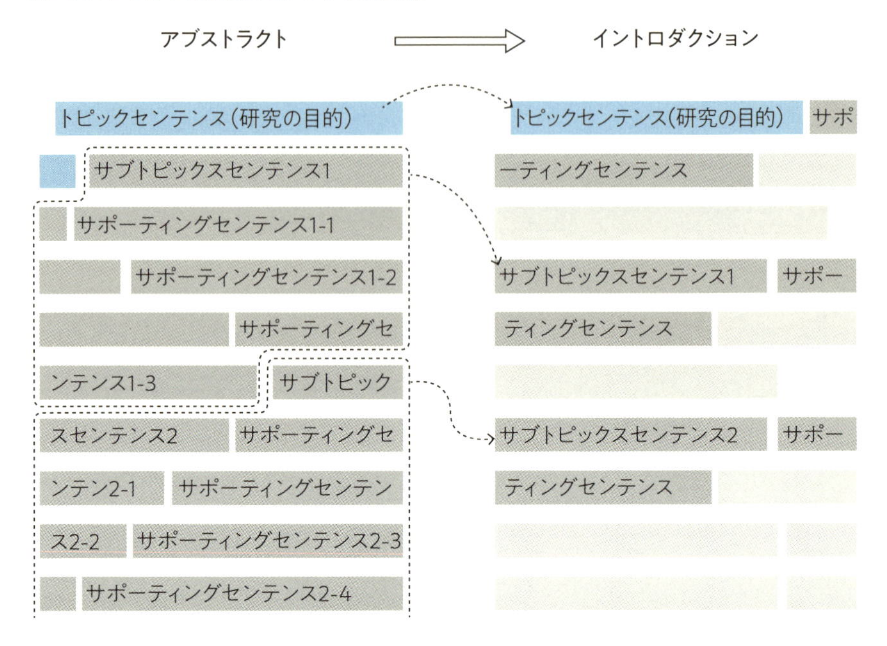

(2) パラグラフをつくる

序論の各パラグラフのトピックセンテンスは（1）で決まっているので，そこにサポーティングセンテンスで詳しい説明や例などを加えることによりパラグラフにしていく．具体的に序論の最初のパラグラフでみていこう．最初のパラグラフのトピックセンテンスは次のセンテンスである．

> Currently, machine products have many parts made from metals such as iron, aluminum and others.
>
> 現在，機械製品には，鉄，アルミ等の金属製の部品が広く用いられている．

この話題を詳細に説明するサポーティングセンテンスとして，鉄やアルミの機械部品の具体例を挙げる．機械製品に用いられている鉄，アルミ以外の金属を紹介するなどが考えられそうだ．

Currently, machine products have many parts made from metals such as iron, aluminum and others. Steel, a mixture of iron and carbon, is used for bolts that fasten parts, automotive outer sheets, connecting rods in a gasoline engine and others. Aluminum is used for engine cylinder blocks, housings of personal computers and electrical appliances. Other metals such as copper and magnesium are also used for parts in mechanical products.

現在，機械製品には，鉄，アルミ等の金属製の部品が広く用いられている．炭素と鉄の化合物である鋼は，部品を締結するボルト，自動車の外板，ガソリンエンジンのシリンダーなどに使用されている．一方，アルミはエンジンのシリンダーブロック，パソコンや家電製品の筐体に用いられている．その他，銅，マグネシウム等の金属も機械製品の部品として用いられている．

もう一つの例として，タイプ２の論文の序論の最初のパラグラフを考えよう．同様に，トピックセンテンスは(1)ですでに決まっているので次のセンテンスである．

Airplanes and helicopters are used for complex aerial operations such as creating 3D maps, rescue works in a disaster event and others.

立体地図の作成や災害時の救助活動等の複雑な空中作業には飛行機やヘリコプターが用いられている．

このセンテンスを詳細に説明するサポーティングセンテンスは，具体的な立体地図の作成方法や，災害時の役割を説明するものが考えられそうだ．

Airplanes and helicopters are used for complex aerial operations such as creating 3D maps, rescue works in a disaster event and others. One needs to combine multiple aerial photographs taken at regular intervals to create 3D maps. Airplanes play important roles in transporting relief goods to isolated areas in a disaster event, while helicopters rescue victims from isolated areas on which an airplane is difficult to land. Airplanes and helicopters are also used for other various purposes such as surveying and patrol.

立体地図の作成や災害時の救助活動等の複雑な空中作業には飛行機やヘリコプターが用いられている．立体地図の作成には等間隔で撮影された複数の航空写真を組み合わせる．また，災害時，飛行機は被災地への救援物資の輸送において重要な役割を担う．ヘリコプターは，災害により孤立した，飛行機では着陸が困難な被災地から被災者の救援活動を行う．その他にも，飛行機やヘリコプターは，測量や偵察といったさまざまな用途に活用されている．

ほかのパラグラフも，このような要領でアブストラクトの内容に沿って書き進めていく．まずは，アブストラクトと序論の各パラグラフのトピックセンテンスの整合性を徹底することが，読者への配慮の基本となる．アブストラクトのセンテンスで述べられている内容の詳細な説明をすることはあっても，内容を取り除いたり，そこで触れられていないまったく新しい内容を付け加えたりすることは避けよう．

(3) 必要に応じてパラグラフを足す

各パラグラフを立ち上げた結果，いずれのパラグラフにも属さない詳細な内容を加える必要を感じる場合もあるだろう．そのような場合は，必ず新たなパラグラフを立ち上げて，情報を加えるようにする．たとえば，パターン１のイントロダクションにおいて，一般の樹脂部品を機械部品に使用できない理由として，以下のようなパラグラフを新たに加えることが考えられる．

In addition, lower processing accuracy is another difficulty for using general resins as mechanical parts. Metal parts can be machined at the accuracy of micrometer dimensions, while injection, a typical processing method for resin parts, cannot realize higher accuracy of parts due to cooling shrinkage. Hence, resin parts are difficult to be alternatives of metal parts with higher accuracy.

その他，一般の樹脂を機械部品として使用することを困難とする要因として，加工精度の低さが挙げられる．金属製の部品は，切削によりマイクロメートルの精度の加工が可能である．一方，樹脂製の部品の成型方法である射出成型は，冷却の際の収縮により高い精度を保つことが困難となる．したがって，高い精度が求められる金属製の機械部品の代替とすることは困難であるとされている．

（4）序論を完成させる

序論の最後のパラグラフは，以降における方法，結果，考察への導入となる．そのためたたき台としては，アブストラクトですでに作成した以下の文章を流用すればよいだろう．

①パターン１のイントロダクションの最後のパラグラフ

In this research, we examined how particle sizes of oil mist and its temperatures influence on the strength of the heat-resistant hard resin with respect to the fact that the unexpected failures were often observed near machines, such as machine tools, that use lubricant oils. Then, we observed strength reductions at smaller particle sizes of oil mist and at higher temperatures and so, concluded that the particle sizes of oil mist and its temperature may be factors that have caused the unexpected failures.

②パターン２のイントロダクションの最後のパラグラフ

A new control unit, which has been developed by our research group, automatically assigns operations on the drones each to equalize the power consumption per unit time. This research examined the new control unit by observing its influences on variation in remaining battery charges of the drones. Less variation in remaining battery charges was observed with the new control unit. So, we concluded that the new control unit reduces the workload on the operator.

アブストラクトのセンテンスとまったく同じセンテンスを流用するのではなく，少し表現を変えて書くというテクニックも考えられるが，たたき台の段階では，まずはここまでできていれば十分だろう．

LESSON 05

方法(Method)・結果(Results)・考察(Discussion)の進め方

方法(Method), 結果(Results), 考察(Discussion)の書き方の手順

アブストラクト，結論，背景を書いたら，いよいよ方法，結果，考察に取り掛かる．ここまでの内容で，これらのセクションで書かなければならない内容はおのずと決まっていることと思う．

方法，結果，考察の内容は，研究により大きく異なるので，これまでのように機械的な書き方を示すことは難しい．ただし，結論をベースに執筆を進めていくという考え方は，アブストラクトをベースに序論を書いていくのと基本的には同じだ．

これらのセクションでは，有効にサブセクション（小見出し）を使う必要がある．ここまでに紹介したパラグラフの構築やセンテンスのブラッシュアップの技術を積極的に活用し，読者にも伝わりやすくなるように工夫しながら書き進めていこう．

◆方法，結果，考察作成手順

(1) サブセクションをつくる	結論で作成した「方法」，「結果」，「考察」から，各セクションのサブセクションのタイトルを考える．
▼	
(2) トピックセンテンスをつくる	結論の「方法」，「結果」，「結論」のセンテンスを（1）のサブセクションに割りあててトピックセンテンスを配置する．
▼	
(3) パラグラフをつくる	それぞれのトピックセンテンスに対して，詳細を説明するサポーティングセンテンスを加えてパラグラフを作成する．
▼	
(4) 図・表をつくる	図・表を挿入する．
▼	
(5) 必要に応じて情報を足す	図・表の説明を中心に，必要があれば新しくトピックセンテンスとサポーティングセンテンスを足す．

方法（Method），結果（Results），考察（Discussion）を書く

研究タイプ1，2の結論の例をもとにサブセクションのタイトル，トピックセンテンスとして流用するセンテンスを考えてみよう．

（1）サブセクションをつくる

サブセクションは，結論の「方法」，「結果」，「考察」をベースにそれぞれ考えていく．たとえば「方法」であれば，「実験装置」，「試験片の調整」，「シミュレーション条件」，「結果の統計処理方法」などが考えられる．

タイプ1の例として示した論文の「方法」であれば，次のようなサブセクションが考えられそうだ．

2. Experiment（実験）
  2.1 Experiment apparatus
    2.1.1 Controlling particle size of oil mist（オイルミストの粒径の制御）
    2.1.2 Controlling atmosphere temperature （雰囲気温度の調整）
  2.2 Tensile test（引張試験）

同様に結果，考察についてもサブセクションを立てて，結論で作成したセンテンスを各サブセクションのトピックセンテンスとして配置していく．このとき，すべての結論のセンテンスをトピックセンテンスとして使う必要はない．わかりやすくなるように必要に応じて再構成していこう．結論で作成したセン

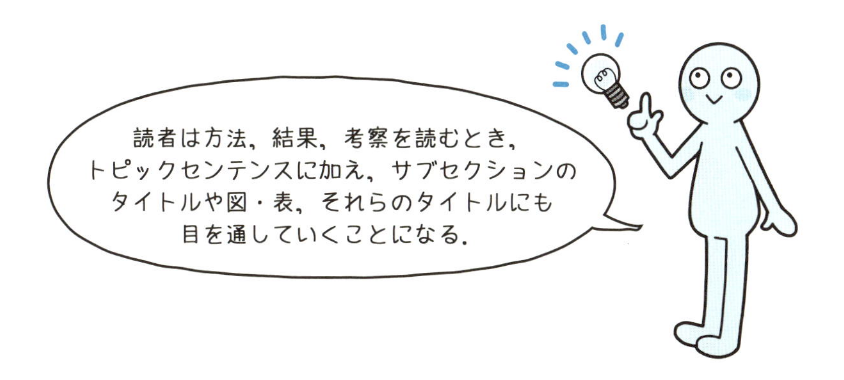

テンスとは別にトピックセンテンスが必要な場合は，この段階では「新たなトピックセンテンスを立てる」とメモしておけばよいだろう．すると，パターン2の論文の方法，結果，考察のサブセクションとトピックセンテンスは以下のようにできそうだ．

2. Experiment（実験）

2.1 Experiment apparatus（実験装置）

This research investigated the influence of oil mist to the strength of heat-resistant hard resin with respect to the fact that unexpected failures have been mainly observed near machines, such as machine tools, that use lubricant oil. ・・・

The machines generate high temperature environments that contain small oil mist particles. Particle size and temperature of oil mist were focused as test parameters.・・・

Then, 10 test pieces were left for 40 days in each particle diameter and temperature condition. Tensile strengths of test pieces were measured.・・・

2.1.1 Controlling particle size of oil mist（オイルミストの粒径の制御）

Oil mist particle diameters were controlled at 1 μm, 3 μm, 10 μm and 30 μm by the propeller rotation speed. ・・・

2.1.2 Controlling atmosphere temperature （雰囲気温度の調整）

Lubricant oil was put on a high temperature propeller. Test temperatures were 10, 20, 30 ℃ and 40 ℃ by using heater.

2.2 Tensile test（引張試験）

「新たなトピックセンテンスを立てる」

3. Experimental results（実験結果）

The test results showed significant strength decrease at test pieces: 1 μm, oil mist particle diameter and 40 ℃, temperature.・・・

4. Discussion（考察）

4.1 About experimental results（結果について）

So, we concluded that higher temperature and finer oil mist may deteriorate the strength of heat-resistant hard resin, possibly resulting in unexpected failures. ・・・

We suggested to avoid using the heat-resistant hard resin in a machine that may be used in the environment that generates oil mist in higher temperature with respect to the findings in this research.・・・

4.2 Future works（今後の課題）

Detailed mechanism, how the oil mist reduces the strength of heat-resistant hard resin in high temperature, needs to be further clarified in future research.・・・

タイプ2の例として示した論文の方法であれば，次のように，装置の詳細を説明と実験の詳細については，セクションそのものを分けてしまってもよい．もちろん，投稿したいジャーナルの規定範囲内で，読みやすくなるように工夫しよう．

2. New control unit for coordinated drones（新たなドローンの制御ユニット）

3. Experiment（実験）

3.1 Experiment apparatus（実験装置）

3.1.1 Coordinated operations（協調作業）

3.1.2 Monitoring remaining battery charges（バッテリー残量のモニタリング）

同様に結果，考察についてもサブセクションを立てて，結論で作成したセンテンスを各サブセクションのトピックセンテンスとして配置していく．結論で作成したセンテンスとは別にトピックセンテンスが必要な場合は，この段階では「新たなトピックセンテンスを立てる」とメモしておけばよいだろう．すると，パターン１の論文の方法，結果，考察のサブセクションとトピックセンテンスは以下のようにできそうだ．

2. New control unit for coordinated drones（新たなドローンの制御ユニット）

Our research group previously proposed a new control unit that automatically assigns operations on coordinated drones each to minimize their power consumption variation by applying machine learning.・・・

3. Experiment（実験）

3.1 Experiment apparatus（実験装置）

In this research, we examined how the new control unit influences on variation in remaining battery charges of the coordinated plural drones to verify the effect of the new control unit.・・・

3.1.1 Coordinated operations（協調作業）

In the experiment, coordinated plural drones were engaged in test operations.・・・

3.1.2 Monitoring remaining battery charges（バッテリー残量のモニタリング）

Remaining battery charges of each drone was constantly monitored with wireless communication.・・・

3.2 Data analysis（解析方法）

Then, the ratio of their variation to the average of remaining battery charges were recorded according to time and the performance result of the new control unit was compared with those of a conventional unit.・・・

4. Experimental results（実験結果）

The conventional control unit required manual adjustment by the operator to continue the coordinated operation after 2 hours, where the ratio of their variation to the average of remaining battery charges exceeded 0.1, while the new control unit took more than 3 hours to be in the situation.・・・

5. Discussions（考察）

5.1 About experimental results（実験結果について）

So, we concluded that the new control unit reduces the variation in remaining battery charges reducing the workload of the operators.・・・

5.2 Future works（今後の課題）

Further challenge in this research was that the variation in remaining battery charges became significant even with the new control unit still requiring operators' manual adjustment for further operation.・・・

（2）トピックセンテンスをつくる

サブセクションが決まったら，各トピックセンテンスをつくる．まずは結論のセンテンスをトピックセンテンスとして各サブセクションに割り当てよう．トピックセンテンスができたら，それにふさわしい図や表を用意しよう．これについては次節を参考にしてほしい．

（3）パラグラフをつくる

ここまでくれば，必要なサポーティングセンテンスがある程度わかってくるはずだ．また，必要に応じて新たなトピックセンテンス，パラグラフを加えることも検討しよう．

LESSON 06 図，表，数式を積極的に使う

図，表や数式を使うことで本文を簡単にできる

英語論文執筆をしていると，言いたい内容を英語にできずに悩んでしまう場合がある．このようなとき，実は内容が複雑すぎて，日本語でも文章にするのが難しいことが原因であることが多い．そういうときは，図，表，式を積極的に用いると，案外すんなりと解決することがある．図や表などは世界共通言語といっても過言ではなく，これらを活用すれば，説明に必要な英語のレベルはかなり下がる．たとえば実験の説明であれば，写真やイラストを載せて，手順の番号でもつけて箇条書きで説明すればよい．文章に加え，視覚で理解できるので，読者にとっても理解しやすくなり親切だ．また，数式は完全に客観的な表現で，意味が揺らぐ余地がなく，正確な表現になるので，伝わりやすい．

以下の例を参照して，方法，結果，考察のなかでの図の用い方について考えてみよう．

(4) 図・表をつくる

たとえば，コイルばねについて文章のみで説明しようとするとしている英文は次のようになる．

> Coil mean diameter of a coil spring is the mean of coil outer diameter and coil inner diameter. It is also given as the sum of coil wire diameter and the coil inner diameter.
>
> コイルばねの平均径は，外形と内径の平均である．それは，内径にワイヤ径を足した値でもある．

この文章は，英語としては間違ってはいないが，多くの人はわかりにくいと感じるだろう．そこで，次のような図を加えてみる．図が加わることで視覚的な理解が可能になる．また，図を用いることにより，説明のための英文もずっと楽になるだろう．

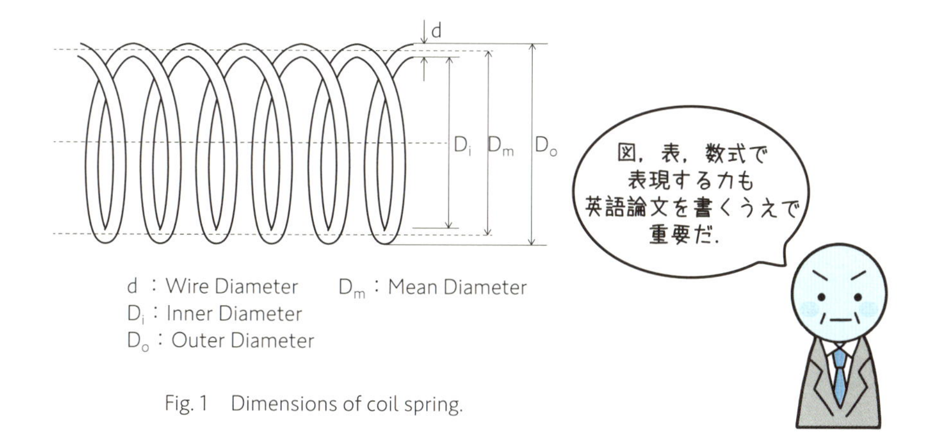

Fig. 1　Dimensions of coil spring.

(5) 必要に応じて情報を足す

図を入れる場合は，必ず本文でもそれについて触れなければならない．先の文章の最後に（Fig. 1）と簡単に記載しておくのでもよいが，ここではもう少し詳しく説明してみよう．

図中ではいくつかの種類の半径が出てきているので，それらの関係を数式で明確化する．

ch. 5

The dimensional propertes of a coil spring are shown in Fig. 1. The Mean diameter of a coil spring, D_m, is given by equation (1),

$$D_m = (D_o + D_i)/2 \tag{1}$$

where D_o and D_i are coil outer diameter and inner diameter respectively.
In addition, the mean diameter, D_m is also given by equation (2),

$$D_m = D_i + d \tag{2}$$

where d is coil wire diameter.

図 1 にコイルばねの寸法を示す．コイルばねの平均系 D_mは，式（1）により与えられる．

$$D_m = (D_o + D_i)/2 \quad (1)$$

ここで，D_o，D_i，はそれぞれ，コイルの外形と内径である．さらに，平均径 D_m は，式（2）によっても与えられる．

$$D_m = D_i + d \quad (2)$$

ここで，dはコイルのワイヤ径である．

このように必要に応じて式を用いることで各数値同士の関係が明確になる．また，結果を説明する際なども，どの式を使って得た値なのかを明確に示すため，数式には通し番号を振っておこう．

まずはchapter4の質問の回答とテンプレートなどを使ってアブストラクトと結論を書いてみよう．これらを骨子（トピックセンテンス）にして，サポーティングセンテンスで肉付けしていけば，論文のたたき台の完成へ向けたよいスタートをきることができるはずだ！英語で書くのが難しいと感じたら，図，表，数式を使うことも検討しよう．

chapter 6
センテンスの
ブラッシュアップ

LESSON 01

英語論文に求められること

わかりやすい論文・わかりにくい論文

英語論文執筆指導のためにさまざまな分野の論文を意識的に読んでみると，やはり，NatureやScienceなどの世界的に有名なジャーナルは英語論文のお手本としても質が高いことに気づく．一方中堅レベル（恐らく多くの学生が投稿を目指すことになるジャーナル）では，読む人の立場に立って書かれていると思える論文は案外少ないと感じる．これらは具体的に何が違うのだろうか．

わかりやすい論文では，先に説明した「研究対象のシステム」，そこから発生する「望ましい状態」と「望ましくない状態」がアブストラクトで明確に示されている．これにより，その研究がどのような問題を解決しようとしているのかが明確になり，専門分野が多少異なっていても，読者の興味を引くことができる．最近では専門分野がより細分化されているので，少し専門が離れた人や初心者にもわかりやすい論文を書くという視点の重要性が増してきていることは意識しておくべきだろう．また，パラグラフの構成がしっかりしていて，トピックセンテンスだけを拾い読みするだけで，概略を把握することができるようになっていることも重要な点だろう．

一方で読者に不親切だと感じる論文の多くは，研究を通じてどのような問題を解決しようとしているのかが明確に定義されておらず，何のためにその研究に取り組んでいるのかが，読者にまったく伝わってこない．これは英語以前の問題だと思う．さらにそのような論文に限って，パラグラフがきちんと構成されていない．またパラグラフが長すぎる論文もよく見受けられる．おそらく，パラグラフの構成，つまりトピックセンテンスとサポーティングセンテンスについてあまり理解しておらず，情報を手当たり次第に詰め込んでいるのだろう．このような場合は，序論の途中で読む気が失せてしまう．

わかりやすい論文を書くための注意点

したがって，わかりやすい論文を書くには，研究の目的と，それによる成果を論文の早い段階で明確にすること，パラグラフをきちんと構成すること，そしてトピックセンテンスを明確にすることが必須条件であると言える．

またセンテンスが一度読んだだけで意味が頭に入ってくる，わかりやすい英語になっていること，つまり英文が十分にブラッシュアップされていることも重要である．もちろん日本語と同様に，英文にベストはないが，ベターにする努力は必要だ．少なくとも明確な間違いや，あまりに複雑で長すぎる英文はなくしたい．

まずは英語論文を書いてみよう

英語論文を書くとき，英語ばかりを気にして，不自然に凝った表現や難解な単語を使ってしまうことがある．しかし，論文の本来の目的である，研究の内容を広く読者に伝えるということを念頭におくならば，まずは，確実に，正確に研究内容を読者に伝えるために，情報のまとめ方，パラグラフ，センテンスのブラッシュアップについて押さえておく必要があることを理解できるはずだ．

わかりにくいと感じる論文も，実際，査読をパスして掲載されている．だから，本書で説明した手順で論文を書き，うまくブラッシュアップしていけば，それだけでもかなり有利に論文投稿にこぎつけられると思う．いまや英語はネイティブだけでなく，さまざまな人に用いられており，ノンネイティブによるコミュニケーションのほうがむしろ一般的かもしれない．論文を評価する査読者もネイティブとは限らない．論文編纂の関係者の話を聞いていると，英語論文で重要なのはあくまで研究内容で，英語力については恐らく多くの日本人が想像しているよりも寛容になのではないかと思う．

まずは論文を書かなければ，あなたの研究が読者に届くことは絶対にない．ぜひ，本書を活用してこれらの論文を書くうえで直面するさまざまな問題をクリアし，英語論文をまずは一通り完成させてほしい．そうすれば，あなたの研究成果を世界に向けて発信していく道が開けるはずだ．

LESSON 02 センテンスのブラッシュアップ

内容が誰にでも正しく伝わる英文を書こう

英語論文執筆で最も配慮すべきことは,「誰にでも正しく伝わる」ことだ.そのためには英文が正しく,明確で,簡潔である必要がある.これは3C(Correct正確に,Clear明確に,Concise簡潔に)と呼ばれ,テクニカルライターの資格試験(工業英検)を主催する日本工業英語協会が技術系の英文において重視しているポイントである.これは受験英語ではあまり触れられてない視点といっていいだろう.

この3Cは,センテンスを見直すうえで非常に便利な道具となる.まずは簡単な例として,「この論文では新しい理論を紹介する」という日本語の英訳を考えてみよう.

(1) In this paper, a new method is introduced.

(2) This paper introduces a new method.

(1)(2)の英訳はどちらも,含まれている意味には違いはなく,文法的にも間違ってはいないので,これが大学入試の問題であればどちらも正解になるであろう.しかし3Cの観点でみたとき,英語論文としてどちらがより適切だろうか.「Correct正確に」,「Clear明確に」という意味では,2文はほとんど差がないと言えそうだ.しかし「Concise簡潔に」という点で語数に着目してみると,(1)は8語なのに対し(2)は6語である.同じことを述べるのであれば,語数は少ないほうが簡潔であると言えるだろう.したがって,ここでは(2)がより3Cを実践した適切な表現となる.

3Cは,英文における絶対的なルールではないが,少なくとも理工学系の英語論文では,3Cを意識することでより適切な英文に,すなわち誰にでも正しく伝わりやすくなるのは間違いない.自分が書いたセンテンスが適切かどうかの判断をすることは案外難しい.そこで,この3Cを一つの指標とするとよいだろう.

3Cを使った実践

3Cを意識すれば，ネイティブスピーカーや添削業者に頼らずとも，自分の判断である程度英文を読みやすくブラッシュアップしていくことができる．具体的には，まずは以下の三つに気をつけよう．

◆英文のブラッシュアップにおいて気をつけるべき三つの視点

（1）誤りがない英文を書く

（2）同じ情報量であるならば，できるだけ少ない語数にする．

（3）名詞を意識する（冠詞の有無や種類，可算・不可算）．

これらを実践することは，一見難しそうに見えるかもしれないが，実際には高校までに習った英語をいかに用いるかということなので，新たに英語に関する知識を習得する必要はない．まずはこのような考え方があるということを知り，意識して行っていくことが重要である．こうした判断基準を常にもっておくことで，自分なりに根拠をもって英文を作成できるだろう．指導教官やまわりにアドバイスを受けたときも，そのアドバイスが適切であるか，主体性をもって判断できるようになるはずだ．それが，論文を迷子にならずに完成させるための重要な第一歩となる．

LESSON 03

誤りがない英文を書く

英語論文でよくある間違い

日本語であっても英語であっても，論文を書く際は，間違いがないように細心の注意を払わなくてはいけない．ここではとくに英語論文でよくみられる間違いについて学んでいく．

文法が間違っている

もちろん文法は必ず正しくなければならない．次の例文で使われているenableは，必ずenable（目的語）to …のかたちで用いるので，下の文のように目的語のusを加えるのが正しい．単語の用法にも気をつけよう．

> マイクロマシニング技術により，マイクロメートルの次元の微小なセンサーを作成できるようになった．
>
> × Micro machining technology has enabled to fabricate tiny sensors in micrometer dimensions.
>
> ○ Micro machining technology has enabled us to fabricate tiny sensors in micrometer dimensions.

単語や綴りが間違っている

動詞としても名詞としても使われる単語の場合，意味やニュアンスが変わってくるものがあるので注意が必要だ．次の例のaffectは，動詞では「～に影響を与える」という意味だが，名詞では「感情」といった意味になってしまう．この文章の場合はeffectを用いるのが正しい．

> われわれの研究グループは，母集団の大きさによる評価関数の信頼性への影響を調査した．
>
> × Our research group has investigated the affects of population size to the

reliability of an evaluation function.

○ Our research group has investigated the effects of population size to the reliability of an evaluation function.

表現が間違っている

日本語訳では一見同様な表現に見えても，英語では明確に使われ方が違うものがある．たとえばaccording to ～は「～によって」，「～に従って」と訳される．これを，しばしば「～の手段を用いて」で用いているのを目にする．しかし，このような場合にはby (using) などを用いるのが正しい．

われわれはドライバーの体調を走行中の姿勢の映像記録によって分析した．

× We analyzed the physical condition of drivers according to video records of his or her posture while driving.

○ We analyzed the physical condition of a drivers by using video records of his or her posture while driving.

名詞の扱い方が間違っている

とくに日本人が苦手とするのが冠詞だ．日本語ではある名詞を用いて言及しようとしているモノ，コトが数えられるか，数えられないか，単数であるか複数であるかはほとんど気にしない．しかし，英語の場合は，この点に関してかなり厳密に区別していると考えてよい．たとえば次のuniversal testerは数えられる名詞なので冠詞aが必要となる．名詞の扱い方に関しては，あとで詳しく扱う．

図に実験装置（万能試験機，ピン，高解像度スケール，コンピュータ）を示す．

× The figure shows the experiment apparatus：universal tester, a pin, a high-resolution scale and a computer.

○ The figure shows the experiment apparatus：a universal tester, a pin, a high-resolution scale and a computer.

文型が間違っている

日本人が，日本語を用いるとき，文型に関してほとんど意識することはないだろう．3Cを意識して英文を書くためには，文型をしっかり意識するようにしたほうがよい．次の例を見てみよう．最初の英文は，動詞に is（be動詞）が使われているので，SVC （S：主語，V：動詞，C：補語）の文型である．しかしこの場合，主語（S）＝補語（C）の関係が成り立っていなければいけないが，例文では主語（S）は geospring model（剛体ばねモデル），動詞（V）は is，補語（C）は oceanic intraplate earthquakes（海洋プレート内地震）となり，明らかに S ＝ Cではない．この場合は，たとえば one of the models that predict oceanic intraplate earthquakesとするのが正しい．

剛体ばねモデルは海洋プレート内地震を予測するモデルの一つである．

× Geospring model is one of oceanic intraplate earthquakes.

○ Geospring model is one of the models that predict oceanic intraplate earthquakes.

カタカナ語が間違っている

一般的にカタカナ語で表記される言葉の多くは英語ではない．カタカナで表記する言葉は，必ず，一度は疑ってかかって，辞書で確認しよう．たとえば，バックミラーは英語に思えるが，英語ではrearview mirrorという．日常会話など，口頭のコミュニケーションでは，文脈から通じてしまうこともあり，大きな問題にはならないかもしれないが，適切とはいえないので英語論文では正しい英語を使おう．

ドライバーはバックミラーで後方を確認した．

× The driver checked his (her) backward through the back mirror.

○ The driver checked his (her) backward through the rearview mirror.

◆**英語では通じないカタカナ語**

カタカナ語	英語	カタカナ語	英語
アンケート	questionnaire	ノートパソコン	laptop computer
アクセル	accelerator	エアコン	air conditioner
ペットボトル	plastic bottle	コンセント	outlet
ビニール袋	plastic bag	ガソリンスタンド	gas station
サラリーマン	office worker		

ch. 6

LESSON 04 少ない語数で表現する

同じ情報量なら，できるだけ少ない語数に

同じ内容（情報量）であるなら，できるだけ少ない語数にしておけば，限られた語数のなかに，より多くの情報を入れることができる．これは研究を発信するうえで，きわめて重要なことである．たとえば国際学会に論文を投稿する場合，事前に500語以内，もしくは1～2ページ程度のアブストラクトによる一次審査が行われることがある．このような場合，限られた語数に，より多くの情報を盛り込む技術をもっているほうが有利であることは明らかだ．

できるだけ少ない語数にするためには具体的に以下の項目に気をつけるとよい．これらの項目に気をつけることは，ほぼ情報をSVO，SVC，SV（S：主語，V：動詞，O：目的語，C：補語）のいずれかの文型を用いてコンパクトにおさめるようにすることを意味する．日本語を使っている限り，あまり文型について意識しないので，常にこれらに注意したい．これができるようになると，多くの論文が「内容が誰にでも正しく伝わる」ようにブラッシュアップされ，読み手への負担を減らすことができるだけでなく，また洗練された印象になる．これはアブストラクトだけでなく，論文を投稿するうえでも当然ながら大切なことである．

能動態を使う

日本語の文章，とくに論文のような報告書では受動態が多くなる．そのため日本人が英語論文を書くと，必然的に受動態を多用してしまう．受動態は能動態に比べて語数が多くなる傾向があるため，少ない語数で表すにはむかないことが多い．そこで，「同じ情報量であるならばできるだけ少ない語数にする」ために，まず原則的に受動態は用いず，能動態を使うことを意識してみよう．例として以下の日本語を受動態，能動態としてそれぞれ英訳したものを見比べてみよう．どのセンテンスも，語数が減って読みやすくなっていることに気づくはずだ．

> 新規LED用蛍光体の発光波長は原子配列により制御されている．

受 The emission wavelength of the new LED phosphor is controlled by the atomic arrangement.

能 The atomic arrangement controls the emission wavelength of the new LED phosphor.

フィルターを用いることで，空気中の微小な粉塵を除去することができる．

受 Fine dust in the air can be removed by using a filter.

能 A filter removes fine dust in the air.

リチウムイオン二次電池はさまざまな電子・電気機器に搭載されている．

受 Lithium ion batteries are installed in various electronic and electric devices.

能 Various electronic and electric devices have lithium ion batteries.

受動態を使うときは理由を明確に

基本的にセンテンスは能動態とする，と前述したが，たとえば「動作主がわからない」，「動作主が重要でない」，「動作主を隠したい」など，具体的な理由を明確に説明できる場合には受動態を使う．以下の例について考えてみよう．

運転手の動作を３次元モーションキャプチャーシステムにより測定した．

受 The driver behavior was measured by using a three-dimensional motion capture system.

能 We measured the driver behavior by using a three-dimensional motion capture system.

これは実験に関する説明で，動作主は著者ら（つまり we）である．つまり，ここでは「動作主が重要でない」ので，受動態を用いる理由があると言える．また，実験は誰がやっても同じ結果になること（再現性）が求められる．ここで，動作主を weと記述してしまうと，著者らでなければその実験が成功しないというような印象を与えてしまう可能性もある．そのような理由からも，明確にしない受動態を用いるのが望ましい．

空気中に放置するとその金属の表面が変色する．

受　The metal surface is tarnished in the air.
能　The air tarnishes the metal surface.

これは空気中に放置された金属の変色についての説明である．しかし，ここでは具体的に空気中の何が金属を変色させているのかはわからない．つまり具体的な「動作主」がわからない状態である．このような場合は受動態を使うことで，主語に言及することなく現象を違和感なく説明できる．

二酸化炭素の排出量を2040年までに半分に削減することが首脳会議で決定した．

受　It was decided that carbon dioxide emission will be cut in half by 2040 in the summit conference.
能　The committee members decided to cut carbon dioxide emission in half by 2040 in the summit conference.

これは環境問題に関する会議の決定事項に関する説明である．動作主はthe committee members（委員）と考えられるが，あくまで会議での決定であるという視点を表したい．そのような場合にも受動態が有効だ．この場合は，「動作主が重要でない」ケースと言える．また，二酸化炭素を削減できなかった場合の委員個人の責任をあいまいにしておきたいという，「動作主を隠したい」という意図も考えられるだろう．

It is … to ～～，It is … that ～～の構文は使わない

日本語の論文では，「～～することは，…である.」，「～～は，…である.」という表現が多い．これを直訳すると，仮主語のitを用いたIt is … to，It is … that構文と相性がよく，多用されやすい．このような場合は動名詞を用いて書き直すこ

とを検討するとよい．語数が減るうえ，文頭にセンテンスの中心となる情報が現れるため，読者にとって読みやすくなることが多い．

患部付近の放射線の影響をモニターすることが重要である．

It is 構文　It is important to monitor the influence of radiation near the affected area.

言い換え　Monitoring the influence of radiation is important near the affected area.

日本語の論文を英訳していくと，次の例のように，文頭に，To …（…するために），Thanks to …（…のお陰で），Due to …（…の原因により），For …（…のために），With …（…によって）といった句を伴った It is…to構文も頻繁に出てくる．このような場合は，…のところを主語にして言い換えられることが多い．

交通安全支援の要求の高まりに伴い，車両間センシングの為の情報共有プロトコルの開発が求められている．

It is 構文　With the growing demand for traffic safety support, it is required to develop information sharing protocols for inter-vehicle sensing.(20 語)

言い換え　Growing demand for traffic safety support requires to develop information sharing protocols for inter-vehicle sensing. (16 語)

この文では Growing demand for traffic safety supportを主語とし，requiresを動詞にすることにより，It is 構文を使わない表現を実現している．

近年のセンシング技術の発達により，ウェアラブルコンピュータなどによるデータを活用し，人の状況に基づく情報提示が可能となった．

It is 構文　Thanks to the development of sensing technology in recent years, it has become possible to present pieces of information based on human situations by using data from wearable computer and other devices.（31 語）

言い換え　The development of sensing technology in recent years has enabled us to present pieces of information based on human situations by using data from wearable computer and other devices.（27 語）

この文では動詞に enable（～を可能とする）を使って，センシング技術の発達が……を可能にした，という文にすることで，It is 構文を使わずに表現した．

There is …, There are … 構文は使わない

There is …，There are … 構文も，日本語の直訳との相性がよく，日本人が多用しがちな構文だ．これらの表現も論文の語数を増やしてしまうので，できるだけ避けるよう，意識しておくとよいだろう．

何人かの研究者は，細胞塊の酸素濃度の測定に，酸素感受性のある粒子を用いている．

There is 構文　There are some researchers who use Oxygen-sensitive particles to measure the oxygen concentration of a cell.

言い換え　Some researchers use Oxygen-sensitive particles to measure the oxygen concentration of a cell.

主語を Some researchers，動詞を use，目的語を Oxygen-sensitive particlesとすればすっきりとしたセンテンスになる．

有害イオンを含む工業排水の浄化を目的とした吸着材には様々な種類が存在する．

There is 構文　There are various adsorbents for purifying industrial wastewater that contains harmful ions.

言い換え　Various adsorbents purify industrial wastewater that contains harmful ions.

主語を Various adsorbents，動詞を purify，目的語を industrial waste water…とすると There are 構文を避けられる．

酸化物ナノワイヤによりその薄膜が形成された可能性がある．

There is 構文	There is possibility that the oxide nanowire formed the thin film.
言い換え	The oxide nanowire may have formed the thin film.

可能性を表す助動詞の mayを用いることにより，There is a possibilityを避けられる．

If … や when … は避ける

If … や when … も，少し複雑な日本語を英訳するときに便利な表現ではある．しかしこれらも語数を無駄に増やしてしまうことが多いので，まずは使わないように意識してみるのがよいだろう．では，以下の日本語を英訳することを考える．ここでも能動態を積極的に使っていることも確認しよう．

繊維状ナノ構造が実現すれば，材料の表面積を大きく増加させることができる．

If …	If fibrous nanostructure is realized, the surface area of the structural material can be greatly increased.
言い換え	Fibrous nanostructure greatly increases the surface area of the structural material.

主語を Fibrous nanostructure，動詞を increasesを，目的語を the surface are…とすることにより，ifの使用を避けられる．

製造工程において欠陥が発生すると，デバイスへ悪影響を及ぼす．

when…	When a problem occurs in the manufacturing process, the devices are harmfully influenced.

ch. 6

言い換え　A problem in the manufacturing process harmfully influences the device.

主語をA problem in the manufacturing process，動詞をinfluence，目的語をthe devicesとすることにより，whenの使用を避けられる．

強い動詞を使う

動詞には，弱い動詞と強い動詞がある．弱い動詞とは，たとえばuse，make，perform，accomplish，obtainなどで，それ自体はあまり情報をもたない動詞である．具体的な意味（動き）は，名詞化した動詞が補っていることが多い．一方，強い動詞はその動詞のみで具体的な意味（動き）をもつ．したがって，より簡潔なセンテンスを書くには，弱い動詞ではなく，強い動詞を用いることを意識する．

本研究は生体信号処理を用いた意思疎通補助システムを開発する事を目的とする．

弱い動詞　This research aims to make a development of a communication support system that uses biological signal processing.

強い動詞　This research aims to develop a communication support system using biological signal processing.

新型車種では高張力鋼の薄板を採用し軽量化を実現した．

弱い動詞　The new model vehicle has accomplished weight saving by adopting thin plates of high tensile steel.

強い動詞　The new model vehicle has saved weight by adopting thin plates of high tensile steel.

その研究グループは超精密射出成型により作成した成型物の精度を評価した．

弱い動詞　The research group performed an evaluation of the accuracy of the molded object made by super precise injection molding.

強い動詞　The research group evaluated the accuracy of the molded object made by super precise injection molding.

イディオムは使わない

イディオムもまた語数が増える原因となる．その表現でなければならない理由がない限りは，できるだけ使わないほうがよいだろう．

実際，この地域は100年に一度の周期で大きな地震に見舞われている．

イディオム　As a matter of fact, this area has been hit by a major earthquake once in 100 years.（18語）

言い換え　In fact, this area has been hit by a major earthquake once in 100 years.（15語）

設計者は黒鉛の形状を考慮して鋳鉄材料を選定なければならない．

イディオム　A design engineer must select a cast iron material taking the shape of the graphite into account.（17語）

言い換え　A design engineer must select a cast iron material considering the shape of the graphite.（15語）

消臭剤は嫌な匂いを取り除く．

イディオム　Air freshners get rid of bad smells.（7語）

言い換え　Air freshners remove bad smells.（5語）

LESSON 05
名詞を意識する

名詞の分類

日本語では名詞が単数なのか複数なのかをほとんど意識せず，また冠詞の概念もないので，よほど意識していなければ，英訳時の名詞の扱いに関して多くの間違いをしてしまう．たとえば，ある名詞にtheが付いていたにもかかわらず，次に出てきたときには不定冠詞（a, an）が付いているといったミスだ．このようなミスは，読者の混乱を招くうえ，積み重なると著者の英語力に問題があると断定される根拠になる．したがって，英語論文執筆においては，なによりもまず論文全体で名詞が一貫していることが重要となる．

ここでは名詞の扱いを，システマティックに自分で判断していくための手順を説明する．

◆名詞と冠詞の種類と名詞の扱い

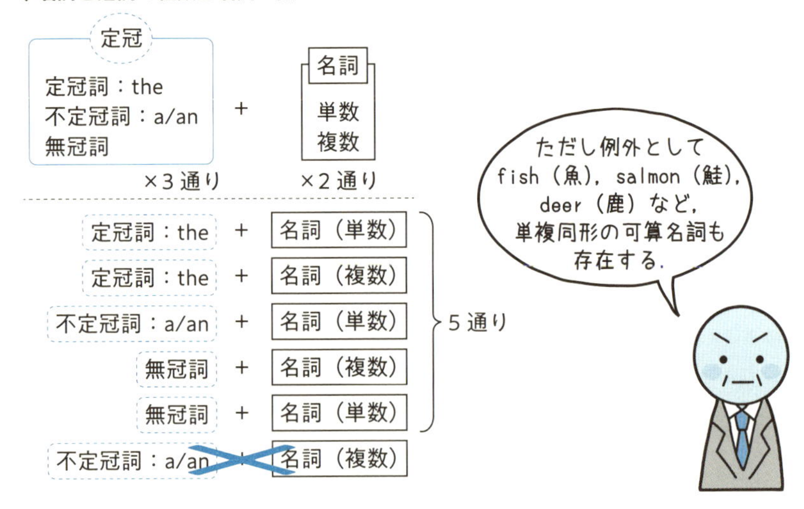

名詞の扱いは，名詞の種類（単数形，複数形）とそこにつける冠詞（the, a/an, 無冠詞）の選択の組み合わせで決まってくる．つまり，「定冠詞（the）」+「名詞（単数）」，「定冠詞（the）」+「名詞（複数）」，「不定冠詞（a, an）」+「名詞（単数）」，「無冠詞」+「名詞（複数）」，「無冠詞」+「名詞（単数）」の5通りが

存在することになる（ここで「不定冠詞（a, an)」＋「名詞（複数)」の組み合わせは矛盾するので成り立たない)．名詞の扱いを間違えるというのは，この5通りの「名詞の扱い方」から，状況に応じて適切な選択肢を選ぶことができていないということである．

ここで紹介するのは，この5通りから適切な選択肢を選ぶための，具体的な方法である．

可算名詞と不加算名詞

名詞の扱いを決めるには，まずその名詞が可算名詞か不可算名詞かを判断しなければいけない．これは辞書で調べるべきことだと考える人も多いが，まずは自分がその名詞を用いて言及しようとしているモノ・コトをどのように捉えているかで決めるようにしよう．これには，以下の基準にしたがって可算名詞か判断するとよい．同じ名詞でも捉え方（意味）によってはどちらにもなりうるため, 一度決定した名詞の扱いは論文のなかで統一させることが重要である．

◆可算名詞か不可算名詞かの判断基準

（1）直感的に数えられれば可算名詞，それ以外は不可算名詞

（2）壊れるものは可算名詞，そうでないものは不可算名詞

（1）直感的に数えられれば可算名詞，それ以外は不可算名詞

可算名詞はそれぞれが決まったかたちや種類を独立してもっていることが多く, 1個, 2個…と明確に数えられる．つまり，その名詞で表そうとしているモノ・コトと，それ以外の部分とのあいだに明確な境界を設定できる．

◆可算名詞の例

pig（豚), cup（カップ）pencil（鉛筆), apple（りんご), table（テーブル), building（建物)，engineer（エンジニア)，car（車）など

一方，不可算名詞はかたちがなく，境界がはっきりしないモノ・コトを言及するので，明確には数えられない．たとえば液体，気体，材料や素材のほか，砂や塩のように，小さすぎて一つずつ数えられないものも不可算名詞だ．これ

ch. 6

らは m^3 や kgなどの単位で測られることが多い．

◆不可算名詞（個数ではなく m^3 や kgなどの量で測られる）モノ・コトの例

coffee（コーヒー）, water（水）, gold（金）, silver（銀）, air（空気）, dust（埃）, salt（塩）, cement（セメント）, resin（樹脂）, plastic（プラスチック）など

また，物質的に認識できない抽象的な概念のようなモノ・コトも不可算名詞となる．

◆不可算名詞（抽象的な概念）の例

knowledge（知識）, science（科学）, engineering（工学）, damage（損害）, information（情報）, machinery（機械類）, equipment（装置）など

（2）壊れるものは可算名詞，それ以外は不可算名詞

可算名詞で表されるモノ・コトは境界　がはっきりしているため，その一部を切り取ると，もともとあった境界が破壊されるため，それは別の名詞で表現されるべきモノ・コトになる，つまり，壊れてしまう．たとえば，cup（カップ）や pencil（鉛筆）を切り取ると，それらの材料である陶器の欠片や木片となる．

◆可算名詞の見分け方

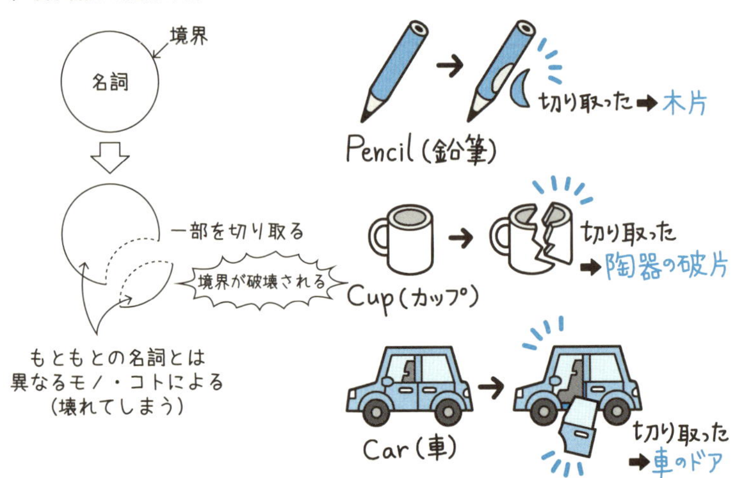

一方，不可算名詞は切り取っても問題なく機能するか，抽象的な概念であれば，切り取るという行為自体が通用しない．たとえば，空気や水を一部切り取っても，そのまま空気や水である．金などの材料・素材を表す名詞でも同じだ．また，Science（科学）のような学問も，その一部の分野を取り除いたところで，その概念が通用しなくなるわけではない．たとえば科学にはさまざまな学問の分野が含まれる．そこから，たとえば化学に関連する部分のみを取り除いたとしても，残った部分は引き続き科学と呼べるだろうし，化学の分野だけでもそれは科学だろう．このような考え方は，工学や知識などにもあてはまる．

◆可算名詞の見分け方

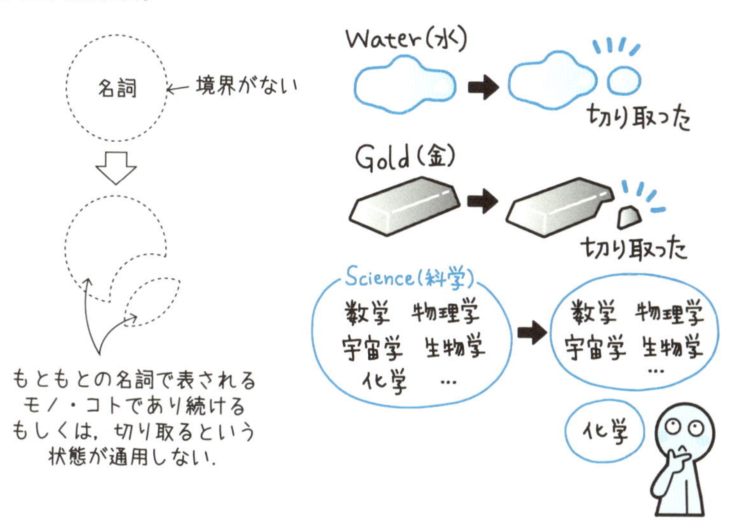

定冠詞（the）をつけるか

中学校では，文中に最初に出てきた名詞は，不定冠詞（a, an）を付けるか，無冠詞の複数形にして，二回目以降は定冠詞（the）を付けると習った人もいると思う．この説明は間違いとは言えないが，英語論文を書き進めるためには，もう一歩踏み込んで具体的に理解しておくほうが正確に判断できる．

定冠詞のtheは「その名詞で言及しようとしているモノ，コトに関し，コミュニケーションの相手とイメージを共有している」ことを示す，あるいはその状態を読者と確認するためのものである．つまり，名詞に定冠詞（the）を付けると，その名詞が可算か不可算か，単数か複数かにかかわらず，その名詞が示すモノ・コトを同類のほかのモノ・コトと区別して扱うことを，コミュニケーションの相手（ここでは読者）とあなたとのあいだで，承諾していることを意味する．その名詞で言及している一つのモノ・コトを読者とメージを共有しながら，同類のほかのモノ・コトを区別して扱う場合，冠詞（the）＋名詞（単数）とする．名詞（単数）が不可算名詞の場合にも，冠詞（the）＋名詞（単数）となるが，この場合には，冠詞（the）が付くことによりコミュニケーションの相手と共有している範囲を，そうでない範囲から境界を設けていることになる．したがって，冠詞（the）を付ける場合には，その名詞が可算であるか不可算であるかの判断は，決定的な間違いにはつながりにくい．一方，その名詞で言及している複数のモノ・コトを読者とイメージを共有しながら同類のほかのモノ・コトから，区別して扱う場合には，冠詞（the）＋名詞（複数）とする．以上を踏まえると，その名詞を用いて言及しているモノ・コトのイメージとして，具体的な複数のモノ・コトのイメージを共有している場合以外は，冠詞（the）＋名詞（単数）とすればよいと理解することができる．

さらに論文の中で定冠詞（the）を用いる際に気をつけたいことがある．それは，読者がその名詞が表すものが何であるかを理解していない，承諾していない段階で定冠詞（the）をつけてしまうと，「当然これくらいわかっているよね？」という暗黙のプレッシャーを与える可能性があるということである．極端な言い方をすれば，これは読者に「この名詞を自分と同じように理解できていない人には，この論文を読んで欲しいとは思っていません」というメッセージを送ってしまうことになるのだ．するとあなたの論文の読者になってくれた

◆**冠詞（the）＋名詞（単数）の場合**

☆名詞（単数）が可算名詞の場合

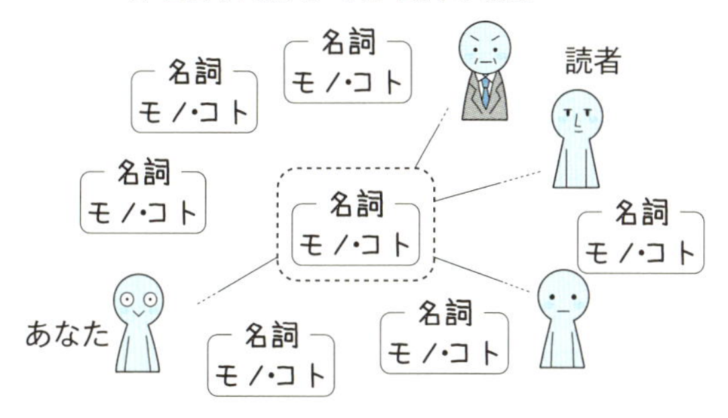

☆名詞（単数）が不可算名詞の場合

◆**冠詞（the）＋名詞（複数）の場合**

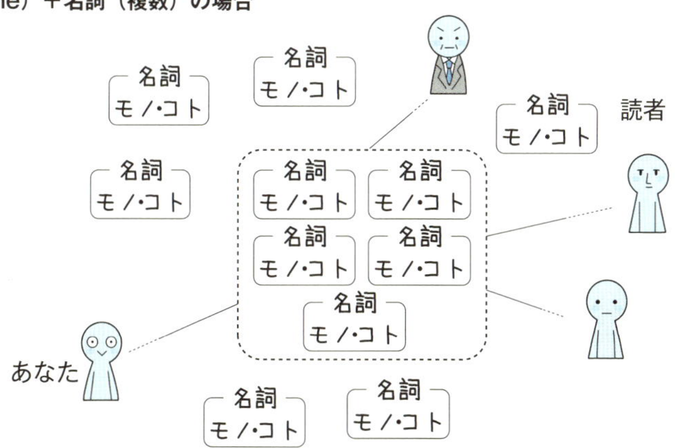

可能性がある人も，自分の専門分野とは異なると認識して，論文を読まないという選択をするかもしれない．したがって，初出の名詞などではとくに，the の使用に関しては慎重になったほうがよいだろう．

不定冠詞（a,an）＋名詞（単数形），無冠詞＋名詞（複数形）の意味

名詞に定冠詞（the）を付けない場合，その名詞が可算名詞なら不定冠詞（a, an）＋名詞（単数形），無冠詞＋名詞（複数形）のどちらかの組み合わせを選ぶことになる．どちらも，その名詞で表される不特定のモノ・コトについて説明する際に用いられるが，その意味は大きく異なることもある．どちらを用いるのが適切かは，それぞれの意味をきちんと意識すればかなり正確に判断できるようになるはずだ．

不定冠詞（a, an）は単に「一つの」という意味だけでなく，もう少し深い意味がある．不定冠詞（a, an）＋名詞（単数形）の組み合わせの場合，「その名詞で言及しようとしているモノやコトは世の中に無数に存在するが，そのうちの一つは～～ということ」を意味する．この「一つ」は，状況によって，その名詞で言及しようとしているモノ・コトは，文字通り「一つの」という意味になったり，「どれをとっても」という意味になったりする．

一方，無冠詞＋名詞（複数形）の場合，「無数に存在するが，そのうちの複数は～～」という意味である．「複数」とは，状況によって「数個」であることもあれば，「無数のうちのほとんど」であることもあり，無冠詞＋名詞（複数）がカバーできる意味の範囲はより広がる．したがって，迷ったら複数形にしておくと，明らかな間違いとなる可能性は減るが，同時に，明確さが失われている可能性もある．

◆**不定冠詞（a,an）または無冠詞の場合**

☆**不定冠詞(a・an)＋名詞(単数形)**

「不定冠詞（a）＋名詞（単数形）」と「無冠詞＋ 名詞（複数形）」で，どのように意味が変わってくるか，例文で具体的にみていく．まずは次の適切に名詞を扱っている例について考える．

> 機械は動力を用いて意図した動作を発生させる．
>
> (1) A machine uses power to generate an intended action. (○)
>
> (2) Machines use power to generate an intended action. (○)

(1) の文では，名詞を「不定冠詞（a）＋名詞（単数形）」とした．不定冠詞を使った場合，「機械（A machine）と呼ばれるモノ，コトは世の中に無数に存在するが，それらはどれをとっても，なにかしらの動力を用いて意図した動作を発生させる」という意味と考えられる．

一方，(2) の文のように「無冠詞＋ 名詞（複数形)」とした場合，「無数に存在する機械（Machines）と呼ばれるモノ，コトのうちほとんどは動力を用いて意図した動作を発生させる」という意味で解釈できる．これは不定冠詞＋単数に比べると，意図した動作を発生させために動力以外のなんらかを用いる機械も存在することも意識していると考えることができる．

どちらも適切な英訳であるが，厳密には少し意味が違っているので，自分がどちらを意図しているかによって使い分けが必要になる場合もあるだろう．

次は名詞の扱いが適切とは言えない例をみてみる．

機械のなかには電力を用いて意図した動作を発生させるものがある．

(3) A machine uses electric power to generate an intended action. (×)
(4) Machines use electric power to generate an intended action. (△)

(3) のように「不定冠詞（a）＋名詞（単数形)」とした場合，この文は「無数に存在する機械のうちのある一つは電力を用いて意図した動作を発生させる」という意味に解釈するのが日本語訳に最も近いが，もともとの日本語の文章の意図とは距離があり，適切な表現とは言い難い．

一方，(4) のように「無冠詞＋ 名詞（複数形)」の場合，「無数に存在する機械のうち，複数は電力を用いて意図した動作を発生させる」という意味となり，もともとの日本語の解釈の範囲ではあるが，「機械のなかには」と正確に伝えたければ，some machinesとすべきである．

どちらも完全な間違いとは言い切れない部分もあるが，読者にこのような違和感が蓄積すると，論文の英語に関する評価を確実に下げることになるので，注意が必要だ．

名詞の扱い方フローチャート

冠詞の違いを踏まえ，名詞の扱いを5通りから選択するには，次のフローチャートを参考にするとよいだろう．名詞の扱いの判断は，書き手の主観によるところも大きいため，論文を書いている本人にしかわからないはずだ．したがって，ネイティブや添削業者などに頼る前に，まずはこのフローチャートを参考にして自分で適切と思われる冠詞を考える習慣をつけよう．

(1) 定冠詞（the）をつけるかどうかを決める

まずはその名詞が表すモノ・コトのイメージを，読者と共有できているかどうを考える．すでに説明されている，明確に図で示されているなど，共有できている場合には定冠詞（the）を付ける．

(2)-1 定冠詞（the）を付けたらその名詞を単数形にするか複数形にするかを決める

次に，その名詞を単数形にするか複数形にするかを考える．定冠詞（the）を付けた段階で読者とそのモノ・コトのイメージを共有することによる境界が生じているので，この場合可算か不可算かはそれほど気にしなくてよい．したがって，明確に複数である場合を除いて，単数形にすると理解しておく．

(2)-2 定冠詞（the）を付けないなら可算か不可算か決める

定冠詞（the）を付けないことにした場合には，名詞を可算として扱うか不加算として扱うかを判断しなければならない．前述のように，その名詞により言及しているモノ,コトの一部を切り取って壊れるようであれば可算,切り取っても壊れないなら不可算と判断する．

(3) 可算なら単数か複数か決める

その名詞で言及しているモノ・コトをイメージし，「無数に存在するなかのある一つ」〔単数；不定冠詞の（a, an）＋単数形〕か「無数に存在するなかの複数」（複数；無冠詞＋複数形）から，意図している意味に近いほうを選ぶ．

◆名詞の扱い方フローチャート

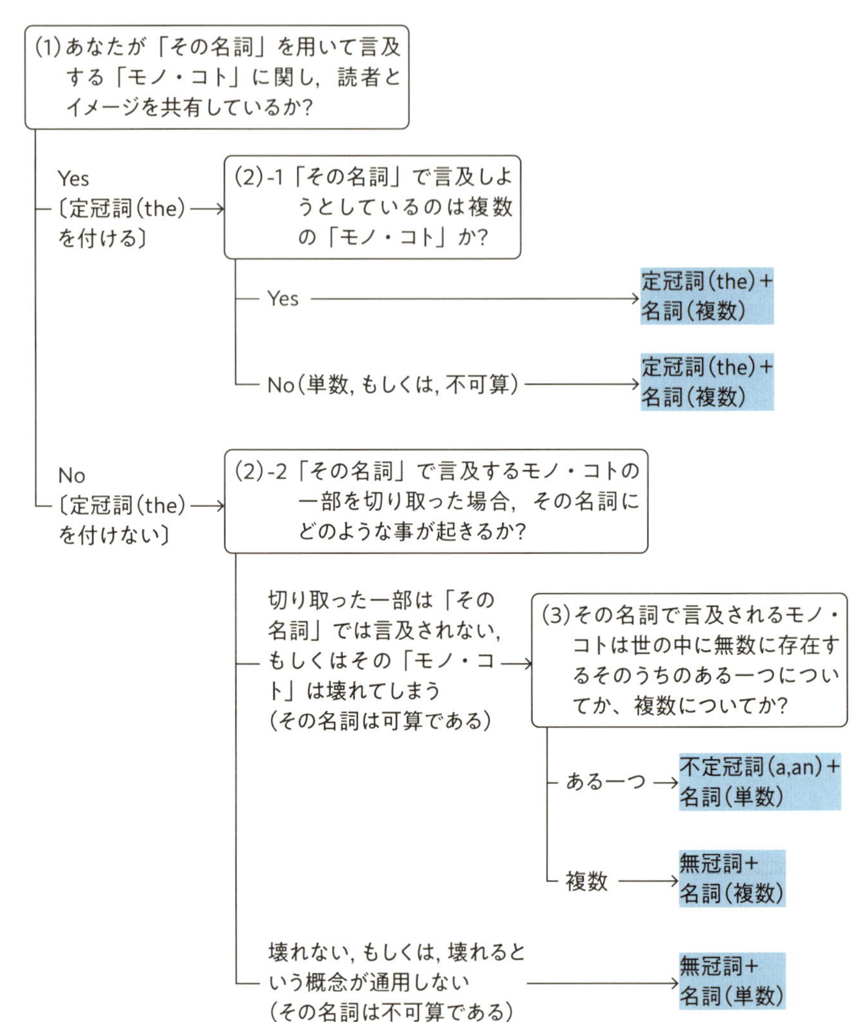

LESSON 06

センテンスブラッシュアップの実践

英文をブラッシュアップする手順

この節では chapter 3 と chapter 5 でつくったパラグラフを，3C（Correct正確に，Clear明確に，Concise簡潔に）の考え方に従って，ブラッシュアップし，「誰にでも正しく伝わる」英文に仕上げていこう．パラグラフのブラッシュアップは次の手順に従って見直していくとよい．

◆英文のブラッシュアップの手順

単語・文法	英文に単語や文法上の誤りがないか確認する．
▼	
3 C	冗長な表現はより明確で簡潔な表現に言い換えられないかを検討する．
▼	
名 詞	名詞の扱いを確認し，伝えたい内容に合致しているか確認する．

各パラグラフごとに，（1）→（2）→（3）の順で見直していくと，そのパラグラフを少なくとも3回見直すことになる．これにより，時間はかかるが，見落としを防ぎ，より伝わりやすい英文ができるはずだ．とくにトピックセンテンスに関しては，念入りにブラッシュアップを行うようにしよう．

実践1

それでは chapter 3 と chaputer 5 で作成したパラグラフを上記の手順に沿ってブラッシュアップしていこう．説明しやすくするために，各センテンスに番号をふった．

① To reform and recycle waste biomass, it is necessary to observe influence on the processing situations of catalyst synthesis process. ② Now, global warming due to carbon dioxide emissions and dependence on fossil fuels is a problem. ③ As a solution to this problem, power generation that recycles organic waste is expected. ④ For the purpose, it is necessary to condition the catalyst and to reform the waste biomass so that energy can be recovered in higher efficiency. ⑤ To condition the catalyst, it is necessary to consider a treatment method aiming at reuse after the reforming. (93 語)

（1）単語・文法

3Cを用いて英文をブラッシュアップする前に，まずは単語や文法などの間違いがないかを確認しておこう．①の situationsは「状況，情勢，場所，立場」などという意味で，ここでは少し不自然だ．ここでは「条件」という意味にしたいので，状態，状況という意味のほかに，条件や事情という意味でもよく使われる conditionsに変更する，②の文頭の Nowは砕けた印象になり，口頭ではよいが, 論文のような書面では不適切だ．ここででは Currentlyを用いておこう．④は「高い効率で」という意味になるが，その場合は in higher efficiencyではなく at higher efficiency がよいだろう．

① To reform and recycle waste biomass, it is necessary to observe influence on the processing conditions of catalyst synthesis process. ② Currently, global warming due to carbon dioxide emissions and dependence on fossil fuels is a problem. ③ As a solution to this problem, power generation that recycles organic waste is expected. ④ For the purpose, it is necessary to condition the catalyst and to reform the waste biomass so that energy can be recovered at higher efficiency. ⑤ To condition the catalyst, it is necessary to consider a treatment method aiming at reuse after the reforming. (93 語)

（2）3C

①の文（トピックセンテンス）では，先に紹介した it is…to…構文が使われている．これは，動名詞を用いて Reforming and recycling processes of waste biomassを主語，require（必要とする）を動詞にするとシンプルな英文になる．

②の文の動詞はisであるが，主語が長すぎるためわかりにくくなっている．そこで，ここではcauseを用いて，「S（主語）が問題を引き起こす」というSVOの文型に書き直すとよい．

③の文は受動態になっている．このセンテンスの動作主は一般の人であり，あまり重要でないので，これはあえて受動態を用いる例とも考えられる．しかし，As a solution to this problemと句を前に出すことで読みにくくなっている．そこで，power generation that recyoles organic wasteは an expected solution to this problemである，と解釈しなおして，SVCの文型にすると，センテンス全体が簡潔になる．

④も，For the purposeと句が前に出ているためにセンテンスが長くなっている．ここで the purposeは前文の power generationなので，これを主語（S）にし，it is necessary…を，①と同様に require を動詞（V）として言い換えられる．すると，The power generation requires conditioning the catalyst and reforming the waste biomass so that energy can be recovered at higher efficiency.となるが，これをさらによくみると，so that以下が受動態になっている．ここは，to recover energy …とできる．

⑤の文でもやはり it is … to ～～構文が用いられており読みにくくなっている．少し工夫をして，適切な処理方法が必要であると解釈して，A proper treatment methodを主語にして，書き直す．

以上を踏まえると，現時点ではパラグラフは次のようになる．語数が減って，読みやすくなっていることを確認しよう．ここでは手順（3）のために，注意すべき名詞，名詞句に下線を引いた．

> Reforming and recycling processes of waste biomass require to observe influence on the processing condition of catalyst synthesis process. Currently, carbon dioxide emission and dependence on fossil fuels cause the problem of global warming. Power generation that recycles organic waste is an expected solution to this problem. The power generation requires conditioning the catalyst and reforming the waste biomass to recover energy at higher efficiency. A proper treatment method after the reforming is necessary to condition the catalyst. (78 語)

ch. 6

(3) 名詞

上記のパラグラフの下線の名詞を一つ一つ確認していこう．フローチャートと合わせて確認してみてほしい．

waste biomass（廃棄物系バイオマス）

このパラグラフだけで考えると，ここではじめて出てくるため，読者とイメージを共有できていないと考えて，定冠詞（the）は付けない（このパラグラフより以前に記述がある場合は付けることもありうる．また，waste biomass がこの研究分野ですでに話題になっている場合は，当然読者が知っているものと判断する場合には，定冠詞（the）を付けることも間違いではないが，あまり勧めない）．廃棄物系バイオマスはここでは材料・物質を表していると解釈して，不可算と判断し，無冠詞＋名詞（単数形）．

influence（影響）

このパラグラフでははじめて出てきているので，定冠詞（the）は付けない．この文脈の influence（影響）は，明確に切り取ることができない性質のものと考え，不可算と判断し，無冠詞＋名詞（単数形）．

the processing condition of catalyst synthesis process（触媒の合成プロセスの処理条件）

of 以下の catalyst synthesis processによって the processing condition がどういうものであるかが具体的に共有されていると考え，定冠詞（the）を付ける．また, condition（条件）は切り取れないので, 定冠詞（the）＋名詞（単数形）．

carbon dioxide emission（二酸化炭素の排出）

二酸化炭素の排出にはさまざまなものがあり，読者と共有していないと考えて，定冠詞（the）は付けない．emission（排出）は切り取れないので不可算とし，無冠詞＋名詞（単数形）．

fossil fuels（化石燃料）

化石燃料にも石炭，石油，天然ガスなどさまざまな種類があり，ここで何を指しているかはわからない．また, 1種類に限定できないと考えられるので, 無冠詞＋名詞（複数形）．

the problem of global warming（地球温暖化の問題）

global warming（地球温暖化）は世界中で日ごろから話題となっており，十分に周知されていると考えられる．さまざまな側面はあるものの，ここではすべてをまとめて表現したほうがよいと判断して，定冠詞（the）＋名詞（単数形）．

power generation（発電）

発電にもいろいろなものがあり，読者とイメージを共有できていないと考え，定冠詞（the）は付けない．発電という抽象的な概念を表しているので不可算とし，無冠詞＋名詞（単数形）．

organic waste（有機廃棄物）

どのような organic waste（有機廃棄物）であるかはまだ読者と共有できていない．また，材料・物質であるため不可算とし，無冠詞＋名詞（単数形）．

an expected solution（期待されている解決策）

解決策について読者と共有できるほど十分にまだ説明がなされていないだろう．解決策は数えられ，複数存在している可能性が高いので，不定冠詞（a）＋名詞（単数形）．

the power generation（その発電）

前の Power generation that recycles organic waste（有機廃棄物をリサイクルした発電）を指しており，この点は読者と共有できるはずなので定冠詞（the）を付ける．また，複数の発電について言及しているわけではないので定冠詞（the）＋名詞（単数形）．

the catalyst（その触媒）

すでに catalystについては言及されているので定冠詞（the）を付ける．材料・物質は不可算とし，定冠詞（the）＋名詞（単数形）．

the waste biomass（廃棄物系バイオマス）

すでに言及されている話題なので定冠詞（the）を付ける．また材料・物質の類であるため，不可算とし，定冠詞（the）＋名詞（単数形）．

A proper treatment method（適切な処理方法）

はじめて出てきた話題なので，定冠詞（the）は付けない．無数に存在する方法のなかから，ある一つを選択することになると判断し，不定冠詞（a）＋名詞（単数）．

実践2

① A porous material made from a special organic nanomaterials is expected to be applied for a new sound absorbing material. ② When dilute aqueous solution of an organic nanomaterial is freeze-dried, a certain material is obtained. ③ The material is porous and has small density and softness. ④ When it contains polymer fibers, it becomes a super lightweight material with excellent mechanical properties. ⑤ It is expected as an excellent sound absorbing material. (69 語)

(1) 単語・文法

①の a special organic nanomaterials は不定冠詞（a）が付いているのに複数形になっていておかしい．ここでは単数形の nanomaterialに直す．③の has small densityの smallは densityの修飾語としては不適切であるため，lowerに変更，同じく③の softnessは，単に「柔らかさ」という意味になってしまう．ここでは柔軟性と表現したいので flexibilityに修正する．

① A porous material made from a special organic nanomaterial is expected to be applied for a new sound absorbing material. ② When dilute aqueous solution of an organic nanomaterial is freeze-dried, a certain material is obtained. ③ The material is porous and has lower density and flexibility. ④ When it contains polymer fibers, it becomes a super lightweight material with excellent mechanical properties. ⑤ It is expected as an excellent sound absorbing material. (69 語)

(2) 3C

①は受動態になっているので，能動態にすることを考える．an expected new sound absorbing materialという表現を用いてSVCの文型にして，すっきりとさせる．

②の受動態も能動態にしよう．また，whenの句が長く，バランスが悪いので，Freeze-drying dilute aqueous solution of the organic nanomaterial（有機ナノ物質の希薄水溶液を凍結乾燥すること）が，ある材料を生みだすという発想に切り替え，produceを使って言い換える．また，a certain materialは曖昧なので，具体的に a porous materialとする．

③では，The porous materialを主語（S）にすればシンプルな文に書き直せる．

④もまた whenによって，読みにくくなっている．そこで，itは具体的に porous materialとして，The porous material that contains polymer fibers（ポリマー繊維を含有する空孔材料）をS（主語），a super lightweight material（超軽量材料）をC（補語）としたSVCの文型に書き直す．

⑤も受動態である．expected as…はあえて言わなくても伝わると判断し，書き直す．

以上を踏まえて，パラグラフを次のように書き換える．ここでも注意すべき名詞，名詞句に下線を引いた．

> A porous material made from a special organic nanomaterial is an expected new sound absorbing material. Freeze-drying a dilute aqueous solution of an organic nanomaterial produces a porous material. The porous material has lower density and flexibility. The porous material that contains polymer fibers becomes a super lightweight material with excellent mechanical properties. It is an excellent sound absorbing material.（60 語）

（3）名詞

上記のパラグラフの下線の名詞を一つ一つ確認していこう．フローチャートと合わせて確認してみてほしい．

A porous material（空孔材料）

最初に出てきた表現で，このあと説明される（読者とイメージが共有される）ものなので定冠詞（the）は付けない．porous material（空孔材料）は材料の種類で，ほかにも存在する porous material（空孔材料）のなかのある一つについて言及していると考える．よって，不定冠詞（a）＋名詞（単数形）．ここで無冠詞＋名詞（複数形）も間違いではないと思うが，英文全体で新たな空孔材料の新規性を主張しているので，不定冠詞（a）＋名詞（単数形）としたほうが，その希少性が強調できると考えた．

a special organic nanomaterial（ある特殊な有機ナノ物質）

これもはじめて出てきているので定冠詞（the）は付けない．special organic

nanomaterial（有機ナノ物質）は，世の中に複数存在している有機ナノ物質のうちのある１種類を表すと判断して，不定冠詞（a）＋名詞（単数形）.

an expected new sound absorbing material（期待されている新たな吸音材）

はじめて出てきたので定冠詞（the）は付けない．expected new sound absorbing material（期待されている新たな吸音材）も無数に存在する新しい吸音材のうちのある１種類と解釈し，不定冠詞（a）＋名詞（単数形）．定冠詞（the）＋名詞（単数形）としても間違いではないが，その場合は，唯一この空孔材料のみが新たな吸音材として期待され，その他の材料については否定的な考えを有しているといった印象を与えるだろう．

The porous material（空孔材料）

ここまでにすでに，説明されており，読者とイメージを共有していると考えて定冠詞（the）を付ける．また，ここでは複数の空孔材料について読者とイメージを共有している訳ではない．よって，定冠詞（the）＋名詞（単数形）.

polymer fiber（ポリマー繊維）

具体的な polymer fiber（ポリマー繊維）の種類を読者と共有していないので定冠詞（the）は付けない．繊維はあまりに小さいので不加算と判断し，無冠詞＋名詞（単数形）.

excellent mechanical properties（優れた機械的性質）

強度，加工性，硬さなど等，機械的性質と呼ばれるものは複数存在する．ここでは，そのうちのいくつかを具体的に読者と共有しているわけではないので，定冠詞（the）は付けない．つまり，不特定の複数の優れた機械的性質を表すと考え，無冠詞＋名詞（複数形）.

実践３

① Divergence in processing times of a production system may be reduced by extending XYZ method. ② It is a special scheduling method. ③ In manufacturing processes, automobile and other products are gathered. ④ The processing time at each process often has difference. ⑤ Then, it may be considered to apply a conventional scheduling method, but in such case, solutions to this problem may not be obtained. ⑥ On the contrast, in the process using the XYZ method, the uncertainty of each process is digitized in advance and fine adjustments of the workers' operation times is performed by controlling the facility operation of each process with computer. (101 語)

(1) 単語・文法

①の divergenceは「分岐」という意味になってしまうので，ばらつきを表す variationに変更する．③の gatheredは「集める」という意味なので，明確に「組み立てる」を意味する assembleに変更する．④の differenceも時間が「ばらつく」という意味を表すように variationにする．

① Variation in processing times of a production system may be reduced by extending XYZ method. ② It is a special scheduling method. ③ In manufacturing processes, automobile and other products are assembled. ④ The processing time at each process often has variation. ⑤ Then, it may be considered to apply a conventional scheduling method, but in such case, solutions to this problem may not be obtained. ⑥ On the contrast, in the process using the XYZ method, the uncertainty of each process is digitized in advance and fine adjustments of the workers' operation times is performed by controlling the facility operation of each process with computer. (101 語)

(2) 3C

①は受動態を，by以降を主語にして能動態にする．

②は①のセンテンスの補足するセンテンスだ．長くないので，①と組み合わせて 1 文にしたほうが，シンプルでわかりやすくなるだろう．

③では In manufacturing processesと句が前に出ていること，受動態になっていることで読みにくくなっている．主語 (S) は workersとすればよいだろう．

④の has variation は弱い動詞と名詞の組み合わせなので，varies（ばらつく）という強い動詞を用いて書き直す．

⑤でも受動態が使われて，obtain the solutionsと弱い動詞と名詞の組み合わせもあり，冗長な文になっている．obtain the solutionsは solvesで置き換えることができるので，これを軸にシンプルに書き換える．

⑥のセンテンスが読みにくくなっている原因は，句（in the process using the XYZ method）が前に出ていること，二つの受動態がandでつなげられている（the uncertainty of each process is digitized…, …fine adjustment of the workers' operation time is performed…）ことである．句は主語（S；XYZ method）が～～をcontrol（制御）すると捉えなおして，SVO文型で言い換えると，句を使わずに済む．

> On the contrast, XYZ method controls the facility operation at each process with computer digitizing the uncertainty of each process in advance and performing fine adjustments of workers' operation times.

さらに，…and performing fine adjustments…は弱い動詞＋名詞なので，adjust（調整する）で書き直す．

また，ブラッシュアップ後の⑤と⑥のセンテンスを，whileを用いて合体させてもよいだろう．

> Extending a special scheduling method, XYZ method, may reduce variation in processing times of a production system. Workers assemble automobiles and other products in manufacturing processes. The processing times at each process often varies. XYZ method controls the facility operation of each process with computer digitizing the uncertainty of each process in advance and finely adjusting workers' operation times while conventional scheduling methods may not solve this problem. (68 語)

（3）名詞

上記のパラグラフの下線の名詞を一つひとつ確認していこう．

a special scheduling method（特殊なスケジューリング手法）

はじめて出てきた表現なので読者とイメージは共有されていないと考え，定冠詞（the）は付けていない．無数に存在するspecial scheduling method（特殊なスケジューリング手法）の一つについて言及していると判断して，不定冠詞（a）＋名詞（単数形）．

variation（ばらつき）

ここまでにばらつきについてとくに言及はなく，だれでも知っているものではないと考え，定冠詞（the）は付けていない．ばらつきは抽象的な概念で切り取れないので不可算と考え，無冠詞＋名詞（単数形）．

processing times（処理時間）

行程にかかる処理時間についてはまだ説明されていないので，定冠詞（the）は付けない．ある生産システムに存在するさまざまな複数の工程でそれぞれ異なる処理時間が発生すると考え，無冠詞＋名詞（複数形）．

Workers（労働者）

読者とイメージを共有している特定の労働者についてではないため，定冠詞（the）は付けない．製造工程で働く作業者は可算でかつ複数名存在すると考えられる．よって，無冠詞＋名詞（複数形）．

automobiles（自動車）

特定の automobile（自動車）について言及しているわけではないので，定冠詞（the）は付けない．ここでは複数の自動車という製品を組み立てていると考え，無冠詞＋名詞（複数形）．

other products（その他の製品）

文脈から自動車以外の，不特定かつ複数の製品を表していると考え，無冠詞＋名詞（複数形）．

the facility operation at each process（各工程の設備動作）

facility operation（設備動作）という言葉そのものはここではじめて出現しているが，ここまでに説明してきた，工場の組み立て工程やスケジューリング手法のすべてを指していると考えれば，十分にイメージは共有できている．具体的に複数の facility operation（設備動作）を表しているのではないため，定冠詞（the）＋名詞（単数形）．

computer（コンピュータ）

ここでは読者とイメージを共有する具体的なコンピュータがあるわけではないため定冠詞（the）は付けない．ここでのコンピュータは手段を表しており，不可算と判断し，無冠詞＋名詞（単数形）．

conventional scheduling methods（従来のスケジューリング手法）

具体的な conventional scheduling method（従来のスケジューリング手法）を

ch. 6

述べているわけではないため定冠詞（the）は付けない．ここでは無数に存在する従来のスケジューリング手法の多くは，という意味と捉えて，不定冠詞（a）＋名詞（複数）．

私が名詞の可算と不可算を腹に落とした瞬間

名詞の可算と不可算の判断については，中学，高校の英語では，名詞を学習する度にその用法の一つとして記憶するように習ったと思うが，私なりに，これとは少し違う結論に達した出来事があった．

英国に留学していたとき，ネイティブの友人とカフェを訪れた．彼は a tea please，two teas please と言って，お茶を注文した．私は学校では teaは液体で不可算なので，a cup of tea，two cups of teaとしなければならないと習っていたので，不思議に思い，思い切って「日本の学校では，a tea，two teasといった表現は正しくないと習ったが，これについてあなたはどう思うか？」と彼に尋ねた．すると彼は「Two teasは two cups of teaのことだよ，状況で考えればそうだよね.」と少し不思議そうな顔をして答えた．言われてみればその通りである．このとき，私は名詞の可算と不可算についてはじめて実用的な理解をしたのだと思う．

ある名詞を可算名詞とするか，不可算名詞とするかは，教科書にどのように書かれているかではなく，情報を発信する側がどのように理解しているかがまず重要なのだ．辞書で不可算だとされている名詞を可算として扱っても，状況に合ってさえいれば明らかな間違いとはならないかもしれない．

これを踏まえて，他人の英語論文を読んでみると，名詞の扱い方で最も問題なのは，やはり論文全体で統一性がないことなのだと確信する．同じ意味である名詞を用いる際，その扱い方に統一性がないことが，最も読み手を混乱させ，内容の理解を難しくしてしまう．英語論文では何よりも全体でその名詞の扱い方を一貫させることに最大限の注意を払ってほしい．

LESSON 07 英語論文のブラッシュアップ

パターン 1 アブストラクト

それではいよいよ英語論文をブラッシュアップしていく．chapter 5 で用いた例を実際に見直していこう．

① Currently, many parts made from metals such as iron and aluminum are used for machine products. ② The features of metal parts, higher density and difficulty in processing, cause problems in weight and cost reduction. ③ Recently, then, mechanical parts made from heat-resistant hard resin have gained attention. ④ However, unexpected failures sometimes occur in the heat-resistant hard resin causing product malfunctions. ⑤ So, failure of products makes it difficult to apply to mechanical products that require higher reliability.

（1）単語・文法

③の recently, then,の thenは不要なので削除する．⑤の makes it difficult to apply to mechanical products…は意味が通らない．makes it difficult to be applied for mechanical products…に修正する．

① Currently, many parts made from metals such as iron and aluminum are used for machine products. ② The features of metal parts, higher density and difficulty in processing, cause problems in weight and cost reduction. ③ Recently, mechanical parts made from heat-resistant hard resin have gained attention. ④ However, unexpected failures sometimes occur in the heat-resistant hard resin causing product malfunctions. ⑤ So, failure of products makes it difficult to be applied for mechanical products that require higher reliability.

(2) 3C

①は受動態が使われている．主語を machine products（機械製品）として，能動態に書き直す．

②③はこのままでよいだろう．

④⑤はこのままでは読みにくい．そこで mechanical parts made from heat-resistant hard resin（耐熱性硬質樹脂製の機械部品）を受けた the mechanical parts（その機械部品）を主語とした一つのセンテンスにまとめることを考える．…makes it difficult to be applied…は，…cannot be applied…で言い換えられるだろう．これにより受動態となるが，この場合は動作主がはっきりしないので，このままでよい．

以上をまとめると，次のようになる．

> Currently, machine products have many parts made from metals such as iron and aluminum. The features of metal parts, higher density and difficulty in processing, cause problems in weight and cost reduction. Recently, mechanical parts made from heat-resistant hard resin have gained attention. The mechanical parts, however, cannot be applied to mechanical products that require higher reliability because they sometimes unexpectedly fail causing product malfunctions.

(3) 名詞

上記のパラグラフの下線の名詞を一つひとつ確認していこう．

machine products（機械製品）

読者とイメージを共有されていないと考え定冠詞（the）は付けない．machine product（機械製品）は数えられると判断し可算とする．ここでは，世の中に無数に存在する機械製品のうちの複数を意味する意図で，無冠詞＋名詞（複数形）．

metals（金属）

機械部品の材料となる金属は複数あるが，そのすべてが具体的に読者と共有はされていないので定冠詞は付けない．よって，無冠詞＋名詞（複数形）．

iron（鉄）

ここでは一般的な鉄について言及しているので定冠詞（the）は付けない．材料・素材の類なので不可算とし，無冠詞＋名詞（単数形）．

The features of metal parts（金属部品の特徴）

続いて，higher density and difficulty in processing（(高比重と難加工性）と具体的に説明しているので，読者とイメージが共有されていると考え定冠詞（the）を付ける．feature（特徴）は数えられると判断し，それが複数，具体的に言及されているので，定冠詞（the）＋名詞（複数形）．

The mechanical parts（その機械部品）

既に説明されている mechanical parts made from heat-resistant hard resin（耐熱性硬質樹脂製の機械部品）を指すため，読者とイメージを共有されていると判断し定冠詞（the）をつける．よって，定冠詞（the）＋名詞（複数形）

mechanical products（機械製品）

特に具体的な機械製品に言及しているわけではないので，読者とのイメージは共有されていないと判断し定冠詞（the）は付けない．製品は数えられると判断し可算．ここでは，高い信頼性が求められる機械製品は世の中に無数に存在し，その中の複数について言及していると考え，無冠詞＋名詞（複数形）．

product malfunctions（製品の故障）

読者と具体的にイメージを共有している製品の故障について言及しているわけではないので，不定冠詞（the）は付けない．ここでは，複数の故障という現象を表すと考え，無冠詞＋名詞（複数形）．

パターン２アブストラクト

① Airplanes and helicopters were used for complex aerial operations such as creating 3D maps and rescue works in a disaster event. ② Operations with an airplane or a helicopter, which are sometimes dangerous, need to be controlled by high-skilled pilots. ③ Coordination of plural drones is expected as a solution methodology. ④ However, the coordination of plural drones has

ch. 6

problems of remarkable variation in remaining battery charges of the drones after certain operation time. ⑤ The variation in remaining battery charges results in operation differences among the drones and adjustment control of operation differences among the drones requires high skills of operators with significant workload.

（1）単語・文法

①のセンテンスにAirplanes and helicopters were usedとあるが，これは現在も起きているので，現在形にして，Airplanes and helicopters are usedとする．③のセンテンスのsolution methodologyは，完全に解決しているわけではないので，代替のという意味のalternativeとするほうがよいだろう．④のセンテンスのhaveの主語はthe coordination of plural dronesと単数形なので，hasにする．

① Airplanes and helicopters are used for complex aerial operations such as creating 3D maps and, rescue works in a disaster event. ② Operations with an airplane or a helicopter, which are sometimes dangerous, need to be controlled by high-skilled pilots. ③ Coordination of plural drones is an expected alternative methodology. ④ However, the coordination of plural drones has problems of remarkable variation in remaining battery charges of the drones after certain operation time. ⑤ The variation in remaining battery charges results in operation differences among the drones and adjustment control of operation differences among the drones requires high skills of operators with significant workload.

(2) 3C

①such as…の後にいくつか，飛行機とヘリコプターによる作業の例が続いているが，これらの例がすべてを表すわけではないので，「～など」の意味を加えるためにand othersを最後に加える．

②Operations with an airplane or a helicopterは，前の文章を受けてSuch operations…とした．続く，which are sometimes dangerous, need to be controlled by high skilled pilots.もまとめて，Such operations with an airplane or a helicopter require control relying on a skilled pilot sometimes accompanying danger.とした．

③は前文とのつながりをわかりやすくするためにThenをいれた．

④はHoweverの位置を移動させた．

⑤バッテリー残量のばらつきによる動作の相違は，高度な技術をもつオペレータによる顕著な負荷を必要とする調整を必要とする．という発想に切り換えて書き直す．

> Airplanes and helicopters are used for complex aerial operations such as creating 3D maps, rescue works in a disaster event and others. Such operations with airplane or helicopters require control relying on a high- skilled pilot sometimes accompanying danger. Then, coordination of plural drones is an expected alternative methodology. The coordination of plural drones, however, has a problem of remarkable variation in remaining battery charges of the drones after certain operation time. The variation in remaining battery charges results in operation differences among the drones that requires adjustment control by a high-skilled operator with significant workload.

(3) 名詞

Airplanes and helicopters（飛行機やヘリコプター）

はじめて出てきた表現なので，読者と具体的なイメージを共有していないと考えて，定冠詞（the）は付けない．ここでは，複数の飛行機やヘリコプターを意味すると考え無冠詞＋名詞（複数形）．

Rescue works（救助作業）

とくに読者とイメージを共有した作業を示している訳ではないので，定冠詞

(the) は付けない．飛行機やヘリコプターを用いた救助活動には複数の種類が存在すると考え，定冠詞 (the) ＋名詞 (単数形).

A disaster event (災害時)

読者とイメージを共有していないため，定冠詞 (the) は付けない．Rescue worksはあらゆる disaster event (災害時) において必要なため，無数に存在する災害時の「どれをとっても」という意味にするために，不定冠詞 (a) ＋名詞 (単数形).

A high-skilled pilot (高い能力のある)

読者とイメージを共有していないため，定冠詞 (the) は付けない．それぞれのヘリコプターや飛行機は救助作業で一人のパイロットの能力に頼っているという意味にするため，不定冠詞 (a) ＋名詞 (単数形).

Danger (危険)

とくに読者と共有し得る具体的な危険について言及しているわけではないので，定冠詞 (the) は付けない．ここでは漠然と危険という意味を表すため不可算とし，無冠詞＋名詞 (単数形).

an expected alternative methodology (期待されている代替方法)

とくに読者と共有したイメージがあるわけではないと考え定冠詞 (the) は付けない．複数存在する期待されている代替方法のうちの一つについて言及していると考え，不定冠詞 (a) ＋名詞 (単数形).

a problem (問題)

とくに読者と共有したイメージをもっている理由はないと考え，定冠詞 (the) は付けない．複数存在する問題のうちの一つについて言及していると考え，不定冠詞 (a) ＋名詞 (単数形).

variation (ばらつき)

とくに読者と共有したイメージをもっている理由はないと考え定冠詞 (the) は付けない．ここでは，ばらつきという現象を漠然と表していると考え不可算とした．よって，無冠詞＋名詞 (単数形).

remaining battery charges (バッテリー残量)

とくに読者と共有したイメージをもっている理由はないため，定冠詞 (the) は付けない．複数のドローンのバッテリー残量という複数の値を意味していると考え，無冠詞＋名詞 (複数形).

The variation（ばらつき）

すでに言及されている内容なので，読者と共有したイメージをもっていると考え定冠詞（the）を付ける．不可算としたので定冠詞（the）＋名詞（単数形）．

パターン１結論

①This research investigated the affect of oil mist to the strength of heat-resistant hard resin with fact to the report that unexpected failures have been mainly observed near machines, such as machine tools, that use lubricant oil. ②The machines generate high temperature environments that contains small oil mist particles. ③Particle size and temperature of oil mist were focused as test parameters.④Oil mist particle diameters were controlled as 1㎛, 3㎛, 10㎛ and 30㎛ by the propeller rotation speed. ⑤Lubricant oil was put on a high temperature propeller. ⑥Test temperatures were 10, 20, 30℃ and 40℃ by using heater. ⑦Then, 10 test pieces were left for 40 days in each particle diameter and temperature condition. ⑧Tensile strengths of test pieces were measured.

（1）単語・文法

①のセンテンスでは，「影響」として誤った用法であるaffectを用いている．そこでこれはinfluenceとする．また，with respect to the fact thatとあるが，どのようにそのfact「真実」を知ったのか明確でないので，ここはreportsに直す．②のセンテンスでthat containsとなっているが，主語はMachinesと複数形なので，containに直す．④のセンテンスにおいて，controlled as 1μm…となっているが，この場合の前置詞はatの方が適切であろう．

①This research investigated the influence of oil mist to the strength of heat-resistant hard resin with respect to the report that unexpected failures have been mainly observed near machines, such as machine tools, that use lubricant oil. ②The machines generate high temperature environments that contain small oil mist particles. ③ Particle size and temperature of oil mist were focused as test parameters. ④ Oil mist particle diameters were controlled at 1 ㎛ , 3 ㎛ , 10 ㎛ and 30 ㎛ by the propeller rotation speed. ⑤ Lubricant oil was put on a high temperature propeller. ⑥ Test temperatures were 10, 20, 30 ℃ and 40 ℃ by using heater. ⑦ Then, 10 test pieces were left for 40 days in each particle diameter and temperature condition. ⑧ Tensile strengths of test pieces were measured.

(2) 3C

①はセンテンスとしては少し長い．二つに分割する可能性も考えられるが，ここではトピックセンテンスとしてパラグラフ全体の情報を一つのセンテンスに入れることを重視して，このままにする．

②は，機械が高速で回転することが高温の雰囲気を生ずるという因果関係を示すために，The machines operate with high-speed rotational motion and generate high temperature environments that contain small oil mist particlesとした．

③は，読みやすいように能動態とした．

④⑤⑥は統合した．

⑦⑧も10個の試験片を40日放置し引張強度を測定するという意味として統合した．

This research investigated the influence of oil mist to the strength of heat-resistant hard resin with respect to the reports that unexpected failures have been mainly observed near machines, such as machine tools that use lubricant oil. The machines operate with high-speed rotational motions and generate high temperature environments that contain small oil mist particles. We focused on particle size and temperature as test parameters. Lubricant oil was put on a high temperature propeller to control oil mist particle diameters at 1 ㎛ , 3 ㎛ , 10 ㎛ and 30 ㎛ as the function of the propeller rotation speed in the temperatures of 10, 20, 30 ℃ and 40 ℃ . Then, 10 test pieces were left for 40 days in each condition and their tensile strength were measured.

（3）名詞

the influence（影響）

すでに触れられている内容であるため，読者と共有したイメージをもっていると考え，定冠詞（the）を付ける．境界をもたない類の名詞であると考え，不加算と判断して，定冠詞（the）＋名詞（単数）．

the reports（報告）

具体的な報告の内容を指していると想定し，読者と共有したイメージをもっていると考え，定冠詞（the）を付ける．また，報告は複数なされていると考え，定冠詞（the）＋名詞（複数）．

unexpected failures(予期しない破壊)

すでに触れられた内容ではあるが，読者と具体的に破壊の事例のイメージを共有はしていないと考え，定冠詞（the）は付けない．観察されている破壊は複数であると考え，無冠詞＋名詞（複数）．

lubricant oil（潤滑油）

読者と具体的にイメージを共有していないため，定冠詞（the）は付けない．液体であるため不可算として扱い，無冠詞＋名詞（単数）．

high-speed rotational motions(高速の回転運動)

読者と具体的にイメージを共有していないため，定冠詞（the）は付けない．複数の種類の回転運動を表すとして，無冠詞＋名詞（複数）．

high temperature environments（高温の環境）

読者と具体的にイメージを共有できないため，定冠詞（the）は付けない．複数の種類の環境があると考え，無冠詞＋名詞（複数）．

particle size（粒子の大きさ）

すでに触れられている内容ではあるが，読者にプレッシャーを与えないように定冠詞（the）は付けない．ここでは size（大きさ）という概念を表すことを意図して不加算とし，無冠詞＋名詞（単数）．

temperature（温度）

上記の lubricant oil と同様の理由で，無冠詞＋名詞（単数）．

Lubricant oil（潤滑油）

particle sizeと同様の理由で，無冠詞＋名詞（単数）．

ch. 6

a high temperature propeller（高温のプロペラ）

すでに触れられている内容ではあるが，以降の説明で，読者と共有したイメージをつくっていくことを意図して，定冠詞（the）は付けない．用いたプロペラは一種類なので，不定冠詞（a）＋名詞（単数）．

oil mist particle diameters(オイルミストの粒子径)

すでに触れられている内容ではあるが，以降において説明を加えているので，読者にプレッシャーを与えないように定冠詞（the）は付けない．複数の条件で試験したことを踏まえ，無冠詞＋名詞（複数）．

the propeller rotation speed（プロペラの回転速度）

すでに触れられているため，読者とイメージを共有できていると考え，定冠詞（the）を付ける．Speed という概念を表していると考え不加算とし，無冠詞＋名詞（単数）．

パターン２結論

① Our research group previously proposed a new control unit that automatically assigns operations on coordinated drones each to minimize their power consumption variation by applying machine learning. ② In this research, we examined how the new control unit influences on variation in remaining battery charges of the coordinated plural drones to verify the effect of the new control unit. ③ In the experiment, coordinated plural drones were engaged in test operations. ④ Remaining battery charges of each drone was constantly monitored with wireless communication. ⑤ Then, the ratio of their variation to the average of remaining battery charges were recorded according to time and the performance result of the new control unit was compared with those of a conventional unit.

（1）単語・文法

①センテンスで…previously proposed…と過去形になっているが，この提案が現在の研究に影響を与えていると考えて，現在完了を用いて，…has previously proposed…とする．⑤のセンテンスで…recorded according to time…となっているが，according to の用法としてはおかしいので，…recorded as the function of time…に直す．

> ① Our research group has previously proposed a new control unit that automatically assigns operations on coordinated drones each to minimize their power consumption variation by applying machine learning. ② In this research, we examined how the new control unit influences on variation in remaining battery charges of the coordinated plural drones to verify the effect of the new control unit. ③ In the experiment, coordinated plural drones were engaged in test operations. ④ Remaining battery charges of each drone was constantly monitored with wireless communication. ⑤ Then, the ratio of their variation to the average of remaining battery charges were recorded as the function of time and the performance result of the new control unit was compared with those of a conventional unit.

(2) 3C

①，②はこのままでよいだろう．

③のセンテンスのIn the experimentはその後の説明を読めばわかるので割愛する．さらに③，④のセンテンスはandを用いて統合する．

⑤のセンテンスのthe performance result of the new control unitは要するに実験で測定した内容そのものと考え省略した．

> Our research group has previously proposed a new control unit that automatically assigns operations on coordinated drones each to minimize their power consumption variation by applying machine learning. In this research, we examined how the new control unit influences on variation in remaining battery charges of the coordinated plural drones to verify the new control unit. The coordinated plural drones were engaged in test operations and their remaining battery charges each was constantly monitored with wireless communication. The ratio of their variation to the average of remaining battery charges were recorded as the function of time and compared with those of a conventional control unit.

（3）名詞

a new control unit (新たな制御ユニット)

ここで定冠詞（the）を付けると，新たな制御ユニットとして考えられるものは，この研究を通じて開発したものしかないような印象を与えてしまう．そこで，複数考案されているいくつかの新たな制御ユニットのうちの一つという印象にする為，不定冠詞（a）＋名詞（単数）．

operations（動作）

読者と具体的にイメージを共有できていないため, 定冠詞（the）は付けない．動作には複数の種類があると考え，無冠詞＋名詞（複数）．

the new control unit (新たな制御ユニット)

すでに触れられた内容なので, 定冠詞（the）を付ける．よって, 定冠詞（the）＋名詞（単数）．

variation（ばらつき）

読者と具体的にイメージを共有できないため，定冠詞（the）は付けない．ばらつきという現象を漠然と表していると考え不可算とした．よって，無冠詞＋名詞（単数形）．

remaining battery charges（バッテリー残量）

読者と具体的にイメージを共有できていないと考え，定冠詞（the）は付けない．複数のバッテリー残量の値を意味していると考え, 無冠詞＋名詞（複数）．

the coordinated plural drones（協調した複数の小型無人機）

すでに触れられている内容であるため，読者と具体的にイメージを共有していると考え，定冠詞（the）を付ける．

wireless communication（無線通信）

読者と具体的にイメージを共有できないと考え，定冠詞（the）は付けない．概念を表していると考え不加算として扱い，無冠詞＋名詞（単数）．

LESSON 08

ブラッシュアップされた英語論文をもとに議論する

ブラッシュアップした英語論文をたたき台にして論文の完成度を上げる

本書の手順に従って英語論文を一通り書きあげ，さらに英文のブラッシュアップをすれば，ある程度のレベルの英語論文のたたき台が完成するだろう．そこで次のステップでは，これをもとに，指導教員や研究関係者と相談して，論文の内容をさらに充実させて行くことになる．

たたき台をもとに議論するときは，論文執筆の責任者は，執筆者であるあなた自身であることをもう一度自覚し，自分の考えをしっかり相手に伝えること，さまざまな情報に惑わされないことに注意して進めていこう．そして，議論を通じて新しい視点や追加しなければならない内容が生じたなら，情報を先に紹介したテンプレートやパラグラフを意識しながら，落ち着いてもう一度整理していこう．ここで適当に修正を加えてしまうと，論文全体の整合性が失われ，再び「迷子」になってしまうこともあるので注意したい．

指導者や研究関係者と内容に関して合意がしっかりと取れたら，そこではじめてネイティブや添削業者に見てもらい，英文の質を上げることに意味が出てくる．論文の内容に合意が取れていない中途半端な状態で，英文を修正してしまうと，内容に問題があった場合に，その作業がすべて無駄になってしまうので，ここでは慎重になるべきだ．業者による添削には時間も，お金もかかるので，内容が固まったものを，自分なりにブラッシュアップして，提出するようにしよう．

いよいよ投稿

このようにして，たたき台から完成した英語論文にまでできたなら，研究内容に合致したジャーナルを選び，いよいよ投稿することになる．投稿後は査読者の質問に答えたり，指摘に応じて修正したりして最終的に採択されれば，晴れて論文掲載となる．まだまだ大変な作業が続くように思えるかもしれないが，本書を使って英語論文のたたき台を完成させ，研究の関係者との議論をまとめて論文を完成させた経験が，投稿まで必ず役に立つはずだ．作成したアウトラインやたたき台，英文のブラッシュアップのポイントなどを見直しながら，最後まであきらめずにやり切ろう．

査読の思い出

博士課程の学生として研究していた頃，文献調査を進めるうちに似たようなことを考えている人がほかにもいることに気づいた．今思えば，それ自体はたいした問題でないのだが，自分の研究に思っていたほどの価値がないのではないかと毎日不安で，研究への意欲も停滞してしまったことを覚えている．もちろん指導教員は私の研究の新規性を認めていたからやらせてくれていたのだと思うが，それでも不安は拭えず，ある意味孤独も感じていた．

私の最初の論文投稿は，そのような悩みを抱えた状態で行ったのだが，査読者から「新しい考え方ではあるが，立証するためにはほかに○○といったデータを出すべきだろう」というコメントをもらった．ほかに厳しい指摘も多数あったものの，研究室以外の人に新しい考え方であると認めてもらえたことが素直に嬉しかった．また，査読者が自分の研究をジャーナルに掲載する価値があるものにするためにどうすればよいかを真剣に考えてくれたと思うと，孤独からも抜け出すことができた．このコメントがその後の研究を進めるうえでの計り知れない励みとなったことはいうまでもない．

本書を読んでいる読者のなかにも，自分の研究に対して不安になったり，英語論文を書くことに躊躇したりしている人がいるかもしれない．英語論文の執筆は孤独な作業ではあるが，ここを乗り越えれば，その先にはいろいろな人との出会いが待っている．ぜひともまずは論文を一本完成させて，新たな研究の世界を切り開いていってほしい．

論文は，全体の内容とパラグラフを意識しながら，何度も読み返してブラッシュアップしていこう．それをたたき台に，指導教官の指導，研究関係者との議論を加え，添削業者やネイティブによる校正を受ければ，「迷子」になることなく，最短ルートで英語論文が完成できるはずだ！

chapter 7

英語論文執筆のための さらなる学習

LESSON 01

インターネットの活用

先行研究に関する英語論文で執筆の実践を学ぶ

研究においても，英語論文の執筆においても，十分な調査が必要だ．そのなかでもとくにインターネットは積極的に役立てたいツールだ．ここでは，英語論文執筆において，具体的なインターネットの活用法，そして注意事項を考えてみよう．

最近は，インターネットを活用すれば，あらゆる情報を簡単に得られる．とくに，Science Directなどのデータベースは，たった一つのキーワードで研究に関連する可能性のある論文が簡単に見つかる．多ければよいというわけではないが，キーワードの選択によっては1000を超える文献がヒットする．

ただし，ヒットした英語論文を漠然と読んでいるだけでは，論文執筆に関連する技術は，いつまでたっても向上しない．そこで，論文を読むときはある程度批判的に観察する習慣を身に着けておくとよいだろう．たとえば，論文を読む際，この本で紹介した研究のタイプ，質問集の内容を参照すれば，その論文が研究の内容を説明するために必要な情報をきちんと提供しているか，パラグラフ構成や３Cが実践されているかどうかを，あなたなりに評価しながら読むことができるだろう．そして，内容のまとめ方に漏れと無駄がなく，３Cが徹底されている理想的な英語論文をみつけたら（意外と少ないかもしれないが），手元に置き，論文執筆の手本とするとよいだろう．一般的な参考書には載っていない，専門分野特有のキーワードや動詞の使い方，各セクションのまとめ方など，あなたが論文をまとめる際に活用できそうなポイントが多く含まれているはずだ．

検索エンジンを活用して生の知識を入手する

論文データベース以外にも，googleやyahooなどの検索エンジンを活用すれば，世界中のありとあらゆる情報を探すことができる．昔は留学しなければ，英語の講義を受けることができなかったが，最近では英語圏の大学が無料で講義の動画を世界に向けて公開していることがあり，端末さえもっていれば，どこにいても，ほぼ生の英語に触れられるといっていいだろう．

英語論文を執筆する際には，とくにキーワードとなる単語については，意味を知っているだけでなく，実際に使いこなせるようになっている必要がある．このとき有効なのが，この検索エンジンを通じて，インターネット上に英語で公開されている情報に直接に触れることだ．

たとえば，調べたいキーワードを検索エンジンに入力すると，関連する研究機関や企業のウェブサイトに簡単にたどり着く．それらのサイトでは，関連製品や技術について，一目で理解できるように，イラストやアニメーションを積極的に用いて明快な説明がなされていることが多い．画像検索をすれば，そのイラストや写真が出てくるので，世界中の人がそのキーワードに関して抱いているイメージを一瞬で把握できる．前述のデータベースを用いた論文検索と併用すれば，そのキーワードに関し，周辺の知識を含め内容をかなり多角的に調べられるだろう．

また，インターネットはコロケーション，つまりその単語と単語のつながりが自然であるかどうかを確認するのにも有効だ．とくに論文で使われるような専門用語のコロケーションは，辞書に載っている例文だけでは把握できない．そこでインターネットの検索エンジンを活用して，使用頻度が高い，すなわち検索結果が多いほうを選択するという方法がある．たとえば「航空工学」を表す英語はaviation engineeringとaeronautical engineeringが考えられるが，Google Scholarで検索するとaviation engineeringは約1万件，一方aeronautical engineeringは約6万件がヒットする．つまり，後者が使用頻度が高いと判断できる．また，英単語を検索すれば，一緒に使われることの多い単語が自動的に表れる．単語の使い方に不安があるときは，ぜひ一度検索して，実際に世界でどのように使われているのか，自分の目で確認しておくとよいだろう．

翻訳サイトを活用する

Google翻訳，Weblio翻訳，Excite翻訳など，各種機械翻訳サイトを使っている人も多いだろう．これらの翻訳サイトは，かつては不自然な訳が多かったが，最近はかなり精度が高まっている．大学入試の和文英訳問題であれば，難しい英単語を和訳していくという点ではそこそこ高い点数を出してしまうだろう．

この翻訳サイトをうまく活用すれば，英語論文執筆の負担を“少しだけ”軽くできる．ただし長すぎる文章を入力してしまうと，訳されたものを修正しにくくなるので，一度に翻訳できるのはせいぜいパラグラフ一つ程度の分量が限界だろう．翻訳サイトを活用するには，翻訳サイトが翻訳しやすいよう，リバースエンジニアリングで行ったように，まずは日本語の文章を簡潔な日本語による情報の要素に分割しておくことが重要だ．そこまでやれば，翻訳サイトはある程度の精度で正しく英語に変換してくれるようである．

とはいえ，これらの翻訳サイトに翻訳を丸投げしてしまうのは，ネイティブや添削業者に頼ること以上に危険だ．内容が専門的であればあるほど，間違った翻訳が多くなる．それらを修正し，トピックセンテンス，サポーティングセンテンスの順に並べ，パラグラフの体裁を整えるのは，やはり著者であるあなたの仕事だ．必ず翻訳サイトから提示された英文は，自分自身の目で点検，吟味，ブラッシュアップするようにしよう．このような理由で，各種翻訳サイトで軽くなる負担は“少し”なのである．

学会に参加する意味

普段の研究室では同じような分野の研究に携わり，すでに専門的な知識をもった仲間とのコミュニケーションが多く，違う専門分野の人に研究内容を伝える機会は多くないだろう．国際会議に限らず国内学会も含めた学会は，さまざまな分野の研究者との人間関係を築き，研究に関する議論をする貴重な機会になる．積極的に参加するとよいだろう．どのような説明をどの程度すれば，自分の研究が伝わるのか，言語にかかわらず，あらかじめその相場観を養っておくことは，英語論文執筆においても重要だ．

LESSON 02

英語論文執筆に伴うコミュニケーションからこそ学ぼう

よいたたき台をつくることがコミュニケーションのコツ

英語力の上達でもっとも重要なのは，実際に英語を用いてコミュニケーションを行うことだろう．私も大学入試や英語検定試験（TOEFL，TOEICなど）でハイスコアをとるために多くの単語やイディオムを覚えたが，結局身について使いこなせているのは，実際にコミュニケーションで使用した経験があるものだけだ．

英語論文執筆は，日本にいながら実践的な英語によるコミュニケーションを体験できる貴重なチャンスである．日本で生活している限り，英語を学んでも実際に何かを相手に伝える機会，ましてやそれがどのように伝わったかを検証する機会は多くない．英語論文執筆は大変な作業ではあるが，真の英語によるコミュニケーションの経験を積める場であると言えるだろう．

本書を参考にして英語論文の“たたき台”を完成できれば，それは本当のコミュニケーションを通じて専門分野の英語を学ぶスタート地点に立ったとも言える．よい“たたき台“があれば，それを起点に建設的なコミュニケーションが生まれ，実用的な英語力の上達につながるはずだ．研究関係者との各パラグラフの内容の調整は，読者にわかりやすい文章を書くためのよい経験となるはずだ．ネイティブや添削業者などとの議論を通じても，当然，英語力がかなり向上するはずだ．

論文を投稿すればさらなるコミュニケーションが生まれる

このようにして完成させた英語論文を投稿し，査読を受ける過程，また投稿したあとも，英語でのコミュニケーションの機会が訪れる．

査読者とのコミュニケーション

英語論文がある程度完成して，指導教官の許可がおりたら論文をジャーナルに投稿することになるだろう．すると次に待ち受けているのは査読者とのコミュニケーションだ．

研究が進み，それを通じて得た情報量が増えると，俯瞰的な視点を維持できなくなり要点を整理して説明することが難しくなるのは当然のことだ．そのなかで書き上げた論文を，その分野の専門家が，公平かつ客観的な視点で，評価を下すのが査読である．時に査読者が厳しく感じることもあるだろうが，査読者はあなたの研究に第三者としてかかわってくれる貴重な存在だ（決して敵ではない）．たとえ投稿した論文が不採用になっても，研究がよりよくなるように助言をくれることもあるので，査読にもしっかり向き合って，ジャーナルへの論文掲載を成し遂げてもらいたい．

なお，査読は，その分野の専門家がボランティアで行っていることがほとんどだ．忙しい時間を割いてくれている査読者に敬意を示す意味でも，読みやすい英語論文を書くように心がけよう．

多分野の研究者とのコミュニケーション

わかりやすく，魅力的な論文が書ければ，国際学会で発表する機会につながるかもしれない．掲載された論文の内容に興味をもった人が，研究設備を見学したいと言ってくるかもしれないし，共同研究など，次の研究につながることもあるかもしれない．英語論文はあなたの英語の学びになるだけでなく，あなたの研究活動の幅を広げるチャンスをくれるだろう．

また，本書で説明した内容は是非とも学会の口頭発表でも実践してみよう．そうすれば恐らく聴衆は積極的に質問してくるはずだ．理路整然としていてわかりやすい発表に対しては，質問もしやすいからだ．英語論文の投稿をきっかけに，そのコミュニケーションは世界中に広げよう．

LESSON 03

研究に没頭するのが英語上達の最短ルート!?

英語論文と英語力

英語論文執筆に関して相談してくる学生に，どうすれば英語ができるようになるかとよく聞かれる．一般的には，英語検定試験の勉強をする，英会話学校に通う，語学留学をするといったことが挙げられるが，個人的には「理工系分野の英語論文を書けるようになる」という目的に限っていえば，正直，これらはかなり遠回りだと思っている．

もちろん，これらの方法は英語の基礎力，一般力を養うには有効かもしれない．しかし，理工系分野の論文に使われている英単語のほとんどは，中学で学習する一部の基本的な単語と市販の単語集には載っていない専門用語だ．わたしがかつて行った調査では，TOEICで満点を取るために必要とされている7000語のほとんどは，英語論文では使われていない（詳しくは，参考文献［10］を参照）．

英語論文に役立つ英語力の身につけ方

英語論文執筆は特定の専門分野というコミュニティでのコミュニケーションである．必要とされる単語の数は恐らくあなたが思っているほど多くはない．ちなみに英語論文は，約2000～5000語で，使われている単語の種類は約500語から多くて1000語だ．だから「理工系分野の英語論文を書けるようになる」には，試験の勉強をするより，自分の研究に関連する（良質な）論文を，しっかりと理解しながら，集中して読むのが確実だろう．また，わからない単語が出てきたとき，単語集をつくって覚えるよりは，その都度，辞書やインターネットで調べ，自然に理解するほうが実践的と言えるだろう．

つまり英語論文執筆のためには，無理して知っている単語を増やすのではなく，研究に没頭し，執筆する論文に関連する分野の専門用語にしっかりと精通するのが実は近道なのだ．

科学技術英語オススメ書籍

本書では，英語論文を執筆するうちに「迷子」にならないよう，研究で得た情報を整理する段取りから，伝わる英語論文を執筆するために最低限必要とされる知識や項目をまとめ，英語論文の“たたき台”を最短ルートで完成させる手順を示した．これをもとに，指導教官やまわりの研究者，添削業者やネイティブなどに助言を求め，よりよい英語論文をスムーズに完成させてほしい．

英語論文を完成度の高いものに仕上げていく過程で，さらに詳しいライティングの知識が必要となるかもしれない．そこで，以下に私がお勧めする科学技術英語ライティングに関する書籍を紹介する．

中山裕木子, 2009 ,『技術系英文ライティング教本』，日本工業英語協会

３Ｃの基本についてわかりやすくかつ，詳しく書かれている．時制，前置詞，関係代名詞なども詳しく説明されおり，英語論文執筆に必要な英語に関する知識の基礎を一通り学ぶのに最適である．科学技術英語を学ぶには，まずはこの本から始めるとよい．

中山裕木子, 2016 ,『会話もメールも英語は３語で伝わります』，ダイヤモンド社

とくにＳＶＯ文型を積極的に用いることの重要さに焦点を当てて書かれている．3Cの考え方を，科学技術英語に限らず日常会話に応用した内容となっているところが斬新な内容である．ある程度英語の知識がある人が，英語を実践的なコミュニケーションに使うために読むとよい．

中山裕木子, 2018 ,『英語論文ライティング教本 ―正確・明確・簡潔に書く技法―』，講談社

3Cについて，英語論文執筆を意識して書かれた本．恐らく，このテーマに関してこれ以上詳しく書かれた本はない．各ポイントについて多数の例文とともに解説されており，その内容もかなり実践的になっている．

日本工業英語協会, 1994,『工業英検１級対策』, 日本工業英語協会

工業英検１級は, テクニカルライターとしての最高位の資格であり, 日本で一番難しい英語検定試験とも言われている. しかし, この本では, リバースエンジニアリング, ３Ｃの基礎が豊富な実例, 例題とともに基礎から詳しく説明されており, 工業英検１級をとらない人も, 一読するに値する.

原田豊太郎, 2002,『理系のための英語論文執筆ガイド』, 講談社

わかりやすいセンテンスを書くために必要な知識が, 豊富な実例とともに, まとめられている. 冠詞と名詞の組み合わせが５通りであるというアプローチはこの本を参考にした.

福田尚代, 西山聖久, 2016,『英語論文を読みこなす技術』, 誠文堂新光社

私も執筆にかかわった本. "読みこなす"とあるが, 論文でよく使われる重要な動詞がイメージとともにまとめられていて論文を書く人にとっても役立つ内容になっている.

グレン・パケット, 2016,『科学論文の英語用法百科第２編冠詞用法』, 京都大学学術出版会

日本人の英語に長年携わるネイティブスピーカーが冠詞の用法について説明した本. 300 ページ以上にわたり, 冠詞の用法に関して妥協することなく詳細に説明されている. 可算名詞, 不可算名詞とその境界についての説明は本書を参照した.

英語論文を完成させるために, あらゆる手段を活用していこう. そうすれば論文を完成する頃には, きっと英語でも研究でもかなり力がついているはずだ. また英語論文は新しいきっかけや出会いの機会を世界中に広げてくれる. それらをどんどん活用して, 次につなげていこう.

■著者略歴

西山聖久　（にしやま　きよひさ）

名古屋大学工学部工学研究科講師．博士（工学）．

1980 年　愛知県生まれ

2008 年　英国バーミンガム大学機械工学科博士課程修了

専門は価値工学（VE）・発明的問題解決手法（TRIZ）といった経営管理手法．
とくに理工系の留学生や日本人のコミュニケーションにおける問題を中心に，これらの手法を研究支援に応用する教育・研究を行っている．

本文イラスト　鈴木素美（工房 素）

最短ルートで迷子にならない！
理工系の英語論文執筆講座

2019年10月31日　第1版　第1刷　発行

検印廃止

著　者　西　山　聖　久
発行者　曽　根　良　介
発行所　（株）化 学 同 人

〒600-8074　京都市下京区仏光寺通柳馬場西入ル
編集部　TEL 075-352-3711　FAX 075-352-0371
営業部　TEL 075-352-3373　FAX 075-351-8301
振替　01010-7-5702
E-mail　webmaster@kagakudojin.co.jp
URL　https://www.kagakudojin.co.jp
印刷・製本　（株）シナノ パブリッシングプレス

ISBN978-4-7598-1988-5